PERFECT PET OWNER'S GUIDES

さまざまな品種のことがよくわかる 飼育・繁殖・

ボールパイソン
完全飼育

著——石附 智津子
編・写真——川添 宣広

SEIBUNDO SHINKOSHA

PERFECT PET OWNER'S GUIDES

目次

Chapter 1	はじめに	004
Chapter 2	ボールパイソンの飼育	010
Chapter 3	ボールパイソンのトラブル・病気について	028
Chapter 4	ボールパイソンの繁殖	038
Chapter 5	ボールパイソンの遺伝	048
Chapter 6	モルフカタログ	053

劣性遺伝／Recessive Morph 072

アルビノ／アメラニスティック	072	アザンティック	078
ブラックアザンティック	080	キャラメルアルビノ	081
クラウン	084	デザートゴースト	088
ジェネティックスストライプ	089	ゴースト／ハイポ	092
ラベンダーアルビノ	096	パターンレス	098
パイボール	099	タフィー	102
トライストライプ	105	ウルトラメル	106

共優性遺伝／Codominant Morph 108

アスファルト	108	バンブー	109
バンデッド／タイガー	112	ブレイド	114
バナナ	115	ブラックヘッド	120
ブラックパステル	121	ブラックレースヘテロ	127
ボンゴ	128	バター／レッサー	130
チョコレート	136	シャンパン	138
コーラルグロー	144	シナモン	150
サイプレス	155	ディスコ	156

エンチ	158	ファイア	164
フェイダー	169	ＧＨＩ	170
ゴブリン	175	グラナイト	176
グレイベル（ヘテロハイウェイ）	178	ヘットレッドアザンティック	179
ヒドゥンジンウォマ（HGW）	182	ホフマン	186
マホガニー	188	モカ	189
モハベ	192	ミスティック／ファントム	198
ペイントボール	201	オレンジドリーム	202
パステル	204	レッドストライプ	212
ルッソ	213	セーブル	214
スパーク（ヘテロプーマ）	215	スペシャル	216
スペックルド	218	スペクター	219
スポットノーズ	220	バニラ	223
イエローベリー	226	サルファ	229

優性遺伝 / Codominant Morph 230

ハーレキン	230	キャリコ	231
デザート	234	レオパード	237
ピンストライプ	240	シャッター	244
スパイダー	245	トリック	251
ウォマ	252		

補足／さまざまなコンプレックスまとめ 253

はじめに *foreword*

ボールパイソンというヘビ

ボールパイソンについて

Dumeril & Bibron によって、*Python regius* としての種の記載がなされたのは1844年ですが、それ以前の博物誌などにも絵画の記載があったりすることから、それよりずっと以前からアフリカではかなり多数の生息があったと思われます。学名の *regius* の由来はラテン語の "*rex*" から来ていて、"*rex*" は英語で King（王）という意味ということです。コモンネームでは主に「ボールパイソン」と呼ばれますが、古い洋書などを見ると「ロイヤルパイソン」の名で載っていることもあり、これは「King（王）」という意味から由来しています。

なお、ボールパイソンというコモンネームはよく知られているとおり、ボールのように丸くなることから来ています。

外見とサイズ

成体の全長サイズは、平均110〜150cmでパイソンの仲間（ニシキヘビ）というくくりの中では比較的小型種になります。小さいけれど体はがっちりとし、その姿は典型的なパイソンのイメージがあり、首は細く括れてバランスが取れています。また、目は真っ黒に見え、性格もおとなしいため、ペットとしてかわいらしい印象が強く、飼育下で人気を集める要素を満たしているパイソンです。

尾 / 頭部 / 舌先は二又に分かれる / ピット

ボール状に丸まる

さまざまな尾。総排泄口わきに入る爪

オスの爪

地色はダークブラウンから黒に近い濃い色で、そこに黄色っぽい模様が入ります。幼少期ほど黄色みが強く、明るく鮮やかなのですが、成長するにつれて、トーンは落ち着き、黄色というより、ベージュ色へと変化していきます。腹は白っぽいベージュで、黒っぽい斑点が入っている個体が多く、頭部は濃いダークブラウンで、鼻先から首にかけて体の模様と同色のラインが両側面に入ります。この体の色合いは生息するサバンナ地帯の環境にうまく溶け込み、カモフラージュの効果があるようです。実際、サバンナの植物は乾燥して茶色っぽい色合いが多く、暗い色の土とのコンビネーションはボールパイソンの体色と似ているということです。口の上部分には一見穴が開いたように見える「ピット」という器官があり、獲物の熱を捉える役割をしています。排泄口の両脇にはツメのようなものが対でありますが、ボールパイソンのツメは他のパイソンに比べて大きい

【ボールパイソンの分類】

のが特徴です。オスのツメが大きい場合が多いパイソンが多い中で、ボールパイソンのオスとメスのツメの大きさは、そう変わりません。

最大サイズは全長2mと言われていますが、現地で集められたワイルドの個体の中には、2mくらいのサイズの個体がしばしばいて、だいたいそういう個体はメスだということです。メスのほうがオスよりやや大きくなると言われています（オスの中にもかなり大きい個体もいますが）。自然下に生息しているアダルトのボールパイソンはだいたい長さ125cm平均で体重は2kg前後と言われていますが、2m前後の個体は6kgにもなると言われています。飼育下ではだいたい2才前後・2kg未満で繁殖を行う場合が多く、実際よりはかなり小さなヘビという感覚で見ている人が多いのかもしれませんが、4年めあたりからぐんぐん成長していき、筆者の自宅で飼育している当時ワイルドコートで購入したメスのベビーは今年で19年目になり、堂々の4kgに達しています。生まれたてのハッチリング（孵化した仔）は、体重がだいたい50〜60gで、長さは40cmくらいです。なお、小さい卵からは、やはりこれを大きく下回る小さな個体が生まれてくることもあります。

分 布

ボールパイソンはアフリカ大陸のパイソンで、かなり広範囲に渡って分布しています。地図でいうと、アフリカの地図を赤道あたりで横に二つ折りにした部分一帯といったらいいかもしれません、その赤道の上を帯で覆うように西端から東のナイル川あたりまでがボールパイソの生息地です。この帯はかなりの数の国を横断しています。西から、セネガル・ガンビア・ギニアビサウ・ギニア・マリ・シエラレオネ・リベリア・コートジボワール・ガーナ・トーゴ・ベナン・ブルキナファソ・ニジェール・ナイジェリア・カメルーン・中央アフリカ共和国・コンゴ・ウガンダ・南スーダン・チャドと、小さな国もありますが、西アフリカの国々を中心にかなりの国にまたがって分布しています。

このように、かなりの国に分布するのですが、その中でも集中して生息しているのはコートジボワール・ガーナ・ベナン・トーゴの4か国です。

生息環境と
生活のサイクル

ボールパイソンは、空き巣となった齧歯類（リスやネズミ、ヤマアラシの仲間）の掘った穴などに隠れていますが、とりわけ好んで巣としているのは古いアリ塚です。古くてもうアリが棲んでいないような塚がほとんどですが、まだアリが潜んでいるような新しいアリ塚でも見つかることがあるそうです。アリ塚は容易に崩れないように、アリが自ら出すキチン質によって内部が覆われ、しっかりしたつくりになっています。暑さや乾燥を避けることができ、外界の厳しい高温を防ぐ構造になっているらしいのですが、このつくりがボールパイソンの求める環境とほぼ一致するということから、好んで巣にしています。夜が来ると、その穴の入り口で獲物を待ち伏せして、捕食します。

6月（と10～11月）に雨季がやってきます。ボールパイソンの行動は一変して、穴からサバンナに出ていき、そこで獲物を探すようになります。穴が水浸しになるということもありますが、雨季の到来で草は茂って気温もそう高くないため、巣穴に待機しなくても安全に獲物を探すことができるからだということです。そのため、ボールパイソンに出会える確率は異常に低くなり、この時期ボールパイソンを捕獲することを生業としているような現地の人たちの仕事は、お休みということになります。

卵が孵り、子供が出てくるのが4～5月頃。6月に雨季が来て草が茂り、その草を餌とする齧歯類がサバンナにたくさん出てきます。ボールパイソンはその子供たちを捕食するという繁栄のサイクルがうまくできていると感じます。雨季に爆発的に捕食して、乾季になると穴の中でじっとしているという捕食サイクルが野生下あるため、飼育下で見られる長期に渡る拒食の習慣も、彼らの遺伝子の中に組み込まれているのかもしれません。

ボールパイソンはここ十数年に渡って経済動物の面があり、最新のモルフをいかに早く成長させ、いかに早く繁殖させるかといった競争の部分がありました。その過程での、いわゆるたくさん食べさせすぎであるパワーフィーディングに関して、極端に言えば、虐待であるといったような意見を言う人たちもいました。しかし、人間の欲の部分はさておき、ボールパイソンというヘビは自分の意思で捕食するかぎりにおいて、自分の食欲と自分の成長をコントロールできるヘビであり、自分にとってもう必要ないと思った時は食べるのをやめる面もあります。拒食については、捕食サイクル以外の問題もいろいろあり、そう簡単に言えることではないのですが、食べたい時にはどんどん食べさせて大丈夫なヘビです。

性成熟するのに3～4年かかるパイソンが多い中で、野生下であってもだいたい2年でメスは繁殖可能になり、オスはおよそ1年で繁殖可能になるようです。この点は飼育下での繁殖計画とほぼ同じということです。ただ、生息場所や環境によって、餌があまりない時期もあり、そういう環境では1年経っても300g程度くらいにしか成長しない個体群もいるわけで、性成熟はまだ先になります。

以前、繁殖をするにあたって、アフリカの気候とボールパイソンの生活サイクルを調べたことがあります。参考までに、以下で紹介します（※気候はガーナの年間を通しての月ごとの平均温度と平均雨量で、生息地の全てがこの気候ではありません）。

【ボールパイソンの分布域】

はじめに / Foreword

1月 一年のうちで最も暑く比較的乾燥している。北からの風が吹くため、夜間は涼しい。月間雨量は20mm程度。温度は30℃を超える。

メスは抱卵しており、朝、日光浴をしている（日本では4月にあたる）。

2月 暑く、天気が良い。夜も比較的暖かい。月間雨量は40mm程度。温度は30℃を超える。

2月の始めから産卵が始まる（日本でのサイクルでは5月にあたる）。

3月 日中、夜間共にとても暑く、土は茶色に乾燥し、草は枯れている。月間雨量は60mm程度、温度は30℃を超える（日本では6月にあたる）。

産卵は続く。メスは朝方、日光浴をして体を温めて巣に戻り、卵を温める。

4月 日夜共に暑い。4月の半ばから徐々に雨季に入り、草が茂り始める。月間雨量は100mm程度。気温は30℃くらい。

たくさんのベビーたちがハッチ（孵化）し始める（日本では7月にあたる）。

5月 雨季が始まり、雨がたくさん降り始める。草は生い茂り、一帯が緑色になる。月間雨量は140mm。気温は28℃。草は茂り、餌となる齧歯類がたくさん現れる。

遅い子供でも、5月の半ばくらいまでにはハッチ（孵化）する（日本では8月にあたる）。

6月 年間で最大の雨季到来。夜も昼も雨が降り続ける。気温は徐々に下がり始める。月間雨量は230mm。気温は約26℃。

餌となる齧歯類は豊富で、ボールパイソンは餌をたくさん食べることができる（日本では9月にあたる）。

7月 雨季が終わり、徐々に乾燥してくる。たまに霧雨が降る。7〜9月にかけて涼しい日が続く。月間雨量は60mm。気温は26℃くらい。

ボールパイソンは餌をいっぱい食べる（日本では10月にあたる）。

8月 時々小雨が降り、涼しい日が続く。が、まだ暖かい。比較的乾燥している。月間雨量は20m。気温は25℃くらい。

ボールパイソンは穴に隠れ始め、餌となる齧歯類は少なくなる（日本では11月にあたる）。

9月 日夜を通して半ばあたりから寒くなり始める。少量の雨が降る。月間雨量は50mm。気温は27℃。

ボールパイソンは穴に隠れ交尾が始まる（日本では12月にあたる）。

10月 温度は少しずつ暖かくなり、短い雨季となる。月間雨量は80mm。気温は30℃近くまで上がる。

ボールパイソンたちは、繁殖時期のピークを迎える。小さな雨季が始まり餌も増え、土はしっとり湿った感じになる（日本では1月にあたる）。

11月 雨はやみ、気温が上がってくる。月間雨量は30mmくらい。気温は30℃を超える。

交尾は続き、メスのお腹が大きくなってくる（日本では2月にあたる）。

12月 暑い時期が終わり、生息地は非常に乾燥する。夜はサハラ砂

漠からの風が吹き涼しい。月間雨量は30mmくらい。気温は30℃。

メスは抱卵し、地面は乾燥して硬くなる。4月まで、餌のあまりない時期が続く（日本では3月にあたる）。

サイテスについて

野生動物を絶滅や減少の危機から守るためのCITES（通称サイテス：The Convention of International Trade in Endangered Species）がありますが、ボールパイソンはサイテスⅡに属していて保護措置が採られています。一定の制限と一定の条件に基づいての輸出入が行われています。

現地のボールパイソンとの関わり

アフリカではペット産業が盛んになるにつれて、地元の産業にしようという試みが1990年頃から行われてきました。地元の人たちのためにボールパイソンの繁殖場が作られ、1991年には規制のもと、オス1・メス3〜4匹の割合で自然下から捕獲し、飼育下で繁殖するという試みが行われ始めました。そして、生まれた子供たちをペット業者に販売して生活するという経済的なものです。FH（ファームハッチ）として、たくさんのベビーたちがヨーロッパやUSAに輸出されるようになりました。しばらくして、卵を持ったメスのみをたくさん集めて卵を取り、メスは自然に帰すような試みを野生事務局がオフィシャルに行っています。このことが、今に至る

ウルトラメル。以前に比べ現地のFHの流通量は少なくなった

までのモルフの隆盛に繋がっています。ただ、リリースする場所は採集した場所ではなく、事務局の利便の良い場所が選ばれるため、ローカルな特徴などはほとんどなくなり、極地的にボールパイソンの数が増殖するという現象が起きています。

現地の繁殖場の存在は、ボールパイソンブームの根源的な着火点にはなったものの、ブームはますます加速し、ブリーダーたちは高価なモルフを殖やして供給し始めました。また、マニアの人たちもより先鋭的なモルフを繁殖し始め、そのあたりから現地のファームは少しずつ衰退していきました。ノーマルのボールパイソンを大量に殖やしても売れなくなり、生計が立てられなくなったのが原因です。以前であれば、ちょっとしたアベラント柄とかであれば高価で売れたのですが、そのうち目を見張るような変わったモルフでなければ売れなくなったのです。

PERFECT PET OWNER'S GUIDES

Chapter 2

Breeding of Ball Python

ボールパイソンの
飼育

ボールパイソンの入手

　ボールパイソンは爬虫類ショップでも爬虫類のイベントでも、メインといっていいくらいの割合で扱われているので、どこでも入手は可能です。好きな色や柄のボールパイソンを検索すれば、どこのショップで扱っているか調べることもできます。ただし、生き物なので、自発的にいろいろ確認してから購入しなければ、後々後悔することがあるかもしれません。

　イベントにはたくさんのショップが一堂に会するので、多くの個体を見て楽しむことができます。そして、こういうのが欲しかったという自分の理想の個体に出会う機会が多いという利点があります。たとえ購入しないとしても、興味があればいろいろなイベントに行ってみるといいでしょう。ただ、イベントは一種のお祭りだし、店員さんも忙しく、じっくり話をするのには向いていないのかもしれません。

　もし、ボールパイソンに限らずヘビを飼育するのが初めてという場合は、断然ショップで購入することをお勧めします。初めての爬虫類専門店で話をするのは緊張するし、イベントでさっと買ったほうがいいという性格の人もいるでしょうが、会話をする以外にボールパイソンを観察するだけでもショップのほうが良いと言えます。というのも、イベントではたいての場合、デリカップや小さなケースに閉じ込められていて、全体の様子を観察するのはとても難しいのです。ショップの場合は、実際に動きも観察できるし、目の輝きだとか舌を出す様子なども見ることができます。気に入った個体がいれば店員さんに頼んで、実際に手に取って顔から背中から腹の部分まで観察することができます。

　観察する際にどこを見ればよいのかとい

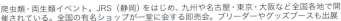

爬虫類・両生類イベント。JRS（静岡）をはじめ、九州や名古屋・東京・大阪など全国各地で開催されている。全国の有名ショップが一堂に会する即売会。ブリーダーやグッズブースも出展

ボールパイソンの飼育 / keeping ball python

ブリーダーズイベント。ブリーダーが繁殖個体を持ち寄り、飼育・繁殖情報の交換や展示・販売を行う内容で、活気に溢れる。HBM（東京）・ぶりくら市（関西）・とんぶり市（東京）・SBS（四国）などで開催

ブリーダーズイベントは、出展する側も来場者も熱心な愛好家で賑わう。愛情込めて繁殖された国内繁殖個体は、こだわりの出品ばかり

うことですが、

①口をちゃんと閉じているかどうか？

　口を半開きにしている場合は呼吸器系の疾患があるかもしれません。その際、ケージに白く固まった付着物があったり、ガラスに口を擦り付けるような動作が見えたら注意です。また、ずっと上を向いたままの個体も要注意。

②反応が良いかどうか？

　寝ていたりする場合を除いて、何かが動いたりすると反応して、舌を頻繁に出します。ただ、この反応の仕方には個体差があります。舌は先がくっきりときれいに割れているというのも健康のバロメーターと言えます。

③実際に手に取ってみます。

　気になる個体がいれば、店員さんに許可を得て手に取らせてもらいます。大きい骨の曲がりなどはとっくにショップの人が気づいているでしょうから、目の力とか体の張りとか、可愛らしいとか、元気が良さそうとか、自分の感覚でチェックしましょう。あとはめったにないことですが、排泄口のあたりがゆるんでいたり、排泄物が付いていないかをチェックします。手に取ってチェックをさせてもらうに際しての注意点は「ていねいに扱う」ということです。初めて飼育しようとする人はハンドリングも慣れていないので、その旨をショップの店員さんに説明し、ハンドリングの仕方を教えてもらいながら手に取ってみるようにします。また、雌雄の確認を自ら行いたい気

爬虫類専門雑誌『クリーパー』では、各イベントの開催案内をはじめ、全国の専門店情報を得ることができる。バックナンバーにボールパイソン特集も。専門書籍『PERFECT BALL PYTHON／HERPLIFE』や『フォトガイド ボールパイソン／誠文堂新光社』などでも、多数のモルフを紹介。人気のヘビだけに絶版になっていることも多く、見かけたら入手しておきたい本だ

持ちもわからなくはないのですが、いくら慣れていたとしてもいきなりポッピングを始めたりするのはやめましょう。このへんは常識とコミュニケーションで。

④質問をします。

これから自分が飼育していくうえで大事なことを質問します。まず、現在食べている餌の種類と大きさと餌やりの間隔を聞いておきます。ボールパイソンには個性があり、稀に置き餌でしか食べない個体や、ラットにしか餌付いていない、またはマウスしか食べない、餌を怖がるので餌を捕るまでに時間がかかる云々、現場で世話を行っている人にしかわからないことがあります。教えてくれる人もいますが、聞かれなければ言づけるのを忘れることもあるかもしれません。餌やその他、個体特有の個性があれば聞き出しておきましょう。

そして、購入して家まで連れて帰る際の注意点です。

ショップでボールパイソンを購入した際、寒い時期だと、カイロのような簡易保温材を張り付けてくれます。そんなに神経質になることもありませんが、できるだけ寄り道せずに帰りましょう。私の場合、ブラッドパイソンを寒い時期に購入して、かなり長い寄り道をしてしまったことから、風邪を引かせてしまったことがあります。そして、暑い夏は、冬以上に気をつけます。温度の急な上昇はジワジワ冷える冬に比べて致命的になることがあるので、くれぐれも直射日光に当たらないように注意。体温調整が自分ではできない爬虫類だということを忘れずに、さっさと帰りましょう。

ハンドリングの際の注意点

ボールパイソンを飼育してみたいという人はその姿形に惹かれると共に、触って楽しみたいという人が多いと思います。実際、その柔らかくてスベスベした触感と、ほっとするような重量感は他の生き物には見られないものです。楽しみたい気持ちとは別に、日々の世話や掃除などで移動するためにハンドリングは不可欠です。また、定期的にハンドリングすることによって状態が確認できるし、特に病気に罹った時、ハンドリングが難しいヘビを治療するのはかなりたいへんです。ボールパイソンはおとなしいヘビなので、その点では心配はありません。

ハンドリングする際は真っ正面から掴むのではなく、腹の下に平行に手を差し入れて、手のひらに乗せるようにして、そっとヘビが安定するように持ち上げます。

ショップに勤務していた時、ヘビに縁がない人からの一番多い質問が「噛みませんか？」というものでした。「噛むこともありますよ」といつも答えていました。別に意地悪で言っているわけではありません。だって、手も足もないんだから、噛むぐらいしかないじゃないですか、というのは冗談として、ヘビが噛むのには2とおりの理由があります。

1つは恐怖からの攻撃。もう1つは餌と間違えて飼育者の手に噛み付く行為。

まず、恐怖からの攻撃ですが、これは野生のヘビの態度を見ればわかるでしょうが、見慣れない人の手から自分を守るため

の防御攻撃です。ヘビの種類にもいろいろあって、中には防御ではなく憎しみから攻撃してくるんじゃないの？　というタイプもいますが、ボールパイソンの場合はほぼ恐怖からの攻撃と言っていいでしょう。攻撃するボールパイソンの性格は極端に怖がる、もしくは神経質な性格なので、まずハンドリングをするにしても、怖がらせないように持ってあげて怖くないということを

習慣づければ、攻撃的でなくなります。犬や猫とコミュニケーションをとる場合は真正面から頭を撫でるというのがたいていの方法ですが、ヘビはこれを一番嫌がります。頭とは逆の後ろ方向から、お腹の部分に手のひらを差し込んで平行に持ち上げるのがコツです。ボールパイソンのように太い体躯をしたヘビはバランスを崩すのを嫌がるので、手のひら全体を使います。頭と

ハンドリングは下から安定させるように行う

尻尾を摘まれるのは一番嫌いというのを覚えておきましょう。

ヘビは人の恐怖を敏感に感じ取ります。と、思っているのは私だけかもしれませんが、持つほうが怖いと思っていると、それはヘビにも伝染します。おっかなびっくり触っては引っ込めるような行動を繰り返すと、ヘビのほうのドキドキも増していきます。最後には一触即発の状態にまでなってしまうこともあります。慣れていなくて少しまだ怖いなと思う人は、迷うことなく最初は噛まれても大丈夫な皮の手袋をはめましょう。かっこ悪いと思うかもしれませんが、「噛まれても平気だよ」とか言わないで、手袋を使用してください。手袋をはめることによって「これで噛まれても大丈夫」と思うことで、ヘビをゆっくりとていねいに落ち着いて扱えることになります。そのことによって、ヘビも落ち着いて持たれても大丈夫と納得するはずです（笑）。そして、そのうち、人のほうもヘビのほうも一緒にハンドリングに慣れていきます。慣れてくれば、リラックスした状態で、たとえばテレビを観ながらボールパイソンと一緒に過ごすようになれるでしょう。

攻撃を受けるとたしかにケガをするかもしれませんが、あくまで一瞬のアタック攻撃なので、針のような歯で小さな穴が開いたところから血が流れるという、1日経てばわからなくなるくらいの程度のケガがほとんどなので、心配はいりません（あくまでボールパイソンくらいの小型パイソンでの話です）。

もう1つの噛む理由"餌と間違えて"というパターン。これは、ハンドリングの仕方とは関係ないのですが、説明しておきます。基本的にボールパイソンは視覚ではなくピット器官反で餌の熱またはにおいで餌を認識します。餌が冷たく、人の手が温かいのであれば、人の手を餌と認識する場合があります。これを避けるためには、長いピンセットを使い、温かい餌を口のかなり近くまで持っていくことである程度は防げますが、気をつけていても、勢い余ってターゲットがずれ、手に直撃という場合も起こります。ボールパイソンを飼育している人はおそらく一度や二度経験していると思います。ヘビは本能的に餌を捕ることに命をかけていますから、ちょっとやそっとで放そうとはしません。ボールパイソンの歯は針状で尖っていて、咬まれると少し痛いのですが、そこで慌てて引っ張ったり、あたふたしてはいけません。逃がさないために、よりしっかりと咥えて巻き付きます。血は流れるでしょうが、しばらくそのまま耐えていれば、間違いに気づき、放してくれます。ですが、

ボールパイソンは上顎に並ぶピット器官から熱とにおいを感知する

それにも限度があり、噛まれどころも悪い場合もありますから、そういう場合は水道をひねって、流れる水に頭の部分を当てるとすぐにあっさりと放してくれます。この際、冬場の冷たい水は当てないように注意しましょう。

この場合のケガは攻撃された時よりも若干痛いし、ひどいかもしれません。ただ、ヘビの歯は噛み砕くタイプではなく、ものを捕らえるタイプの歯なので、それほど威力はありません。むしろ、レオパードゲッコー（ヒョウモントカゲモドキ）やツギオミカドヤモリなどのような大型のヤモリなどのほうが、噛まれた際のダメージは大きいのです。中型から大型のパイソンは別として、ボールパイソンの場合、それほどダメージはないので、菌などが入らないように噛まれた後は消毒をするようにします。

飼育に必要なセッティング

【飼育ケージ】

飼育ケージを選ぶということは、ボールパイソンをどういう目的で飼育するかにもかかってきます。「部屋に帰ってきた時に、明かりの点いた水槽に綺麗な色をしたヘビがいて、それを眺めたい」という人もいるでしょうし、「いろんなモルフを集めたいので、コンパクトに収納できるケージを複数設置したい」という人もいるでしょう。生き物を飼育するというのは、特に爬虫類の場合、自分側の彼らに対する欲求と、爬虫類側からの欲求のどちらか、もしくは双方の妥協点を見い出さなければできないのかもしれません。たとえば、照明のあるケージで熱帯魚を観賞するようにボール

爬虫類用飼育ケース。さまざまな製品が専門店で入手できる

大型個体用の飼育ケース

パイソンを飼育したいというのが飼育者の欲求であれば、暗い所でひっそりまったり過ごしたいというのがボールパイソン側からの欲求です。ですから、その妥協点をとって、シェルターの設置などを考えなければなりません。

この本ではボールパイソン側からの欲求をまず書いておきます。ボールパイソンの生息環境のところでも書きましたが、ボールパイソンはネズミの巣穴とか、アリ塚の穴などの少し湿度のある環境を好んで潜んで暮らすヘビです。ですから、ある程度、四隅に体のどこからかがびったり付いていて、光があまり入ってこない隠れていられる環境を好みます。

ケージの広さはアダルト2kg級1匹を飼育するのに、だいたい60×40×40cmくらいが必要でしょうが、平均的な1kg前後の個体を飼育するには、幅広の大きめのプラケースでも飼育できます。それでは狭すぎないのかという意見もあると思いますが、高さがあり広すぎるケージで飼育するには、温度設定などの環境を整えるのに、かなりの設備を要します。もちろん部屋全体を常にエアコンで管理できる環境であれば、大丈夫です。繁殖時に2匹をいっしょにするのであれば、体をある程度伸ばせる大きさ（奥行70cmくらい）のケージがあればよいと思います。ブリーダーはよくラック方式で飼育しています。1つ1つの高さが思いのほか低いのを不安に思われる人がいるかもしれません。が、天井が低いため熱効率が良く、また、半透明の容器はボールパイソンにとってはかなり居心地の良い環境といえます。ただし、中が良く見えないため、状態は頻繁にチェックする必要があります。

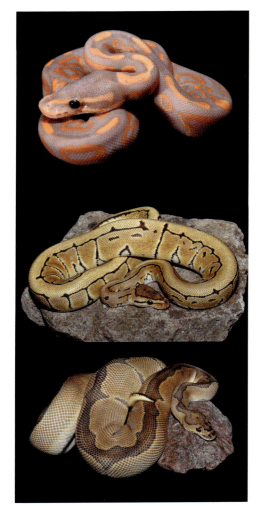

幼体と亜成体・成体。ケースの容量は飼育個体のサイズで選ぶとよい

【ヒーター】

　ボールパイソンは赤道に近い場所に生息しているため、飼育下の温度もその温度に合わせます。おそらく飼育されているヘビの中で最も高い飼育温度が必要だと思われます。アマゾン流域に棲むボアも高い温度を必要としますが、ボールパイソンほどではありません。ボアの中でも、たとえばボア・コンストリクターの生息地であるコロンビアの年間を通しての平均温度が25.8℃であるのに対し、ボールパイソンの生息しているアフリカのガーナの年間平均温度は27.1℃と2～3℃高いというデータがあります。ですから、飼育下の環境をそれに合わせるとなると、ケージの中の温度は日中はだいたい30～31℃に設定し、夜間は25～26℃を下回らないようにするのが理想的です。実際は日中の温度はもう少し高めでもかまわないのですが、夜間を通して、ずっと高温を維持していると、ボールパイソンが疲弊してしまうことがあります。以前、ある洋書にホットスポット（温かい場所）で35℃、涼しい場所で30℃という説明が載っていたのを見たことがありますが、さすがにそれは高すぎます。ブリーダーに聞いたところ、あまり高い温度をキープし続けると、ボールパイソンの精子や卵子が破壊され、繁殖に支障をきたすことがあるということです。また、人工的な熱源によって体の水分が失われ、便秘になったり

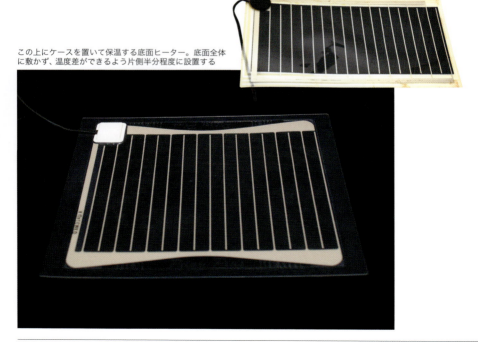

この上にケースを置いて保温する底面ヒーター。底面全体に敷かず、温度差ができるよう片側半分程度に設置する

ケージ内上部に設置するタイプのヒーター。
底面ヒーター側にセットする

爬虫類・両生類飼育用のサーモスタット

することがあります。

　温度を保つための器具として使用するのは、ケージの外側下部に敷く底面ヒーター（シートヒーター）が適しています。トカゲなどに使用する光熱源ランプはカバーをして直接ヘビの皮膚に触れないようにすれば安全と思われますが、乾燥しすぎであることと、光を嫌うヘビの性質上、一般的ではなくお勧めできません。唯一の利点はケージ内の空気全体を温めることができるということです。空中温度を保持することは、寒い冬場は特に必要になるので、その時はケージの上の部分に設置できるプレート式のヒーターなども市販されているので、そちらを底面ヒーターと併用することをお勧めします。

　設置の仕方は、ケージ内に温度差を設けるために片端に置きます。上部のプレートヒーターを併用する際は、必ず底面ヒーターを設置した側の上部にセットするようにします。そうしないと、ケージ全体が過熱してしまい、ボールパイソンは自分で適

温を選ぶことができなくなるからです。そして、温度計は涼しいほうの側に設置するようにします。涼しいほうの下限を27℃になるように設定しておけば、ホットスポットの部分がどれだけ暑くなろうが、熱死することもないし、温度が下がりすぎる心配もありません。

アフリカの生息地においても、やはり夜間は気温が下がるので、できれば夜間は若干温度を下げるようにします。もちろん、サーモスタットが設置できれば良いのですが、底面ヒーターを使用している人は底面積を調整しても良いかもしれません。

【床材】

床材にはいろいろあり、プロのブリーダーでもそれぞれ好みが違うので、飼育してみて自分が納得できる床材を使用すればよいと思います。

ウッドチップの利点は直接熱源の温度が体に触れず、低温火傷を起こしにくいこと。また、ケージ全体の空中温度を均一に保つことができ、ヘビも体を埋めることによって体全体を温めることができること。排泄物を吸収するので、ヘビが快適で過ごせるなど。使いにくい点は、排泄物を固めることはできますが、汚れを確認しにくく、不潔になりやすいという点が挙げられます。餌に付着しやすく、ヘビが誤飲する場合もあり、置き餌をするのには向いていないでしょう。

ウッドチップと並んで使用されているのが新聞紙です。利点としては排泄物や脱皮の状態が確認しやすく、ヘビの健康状態がわかりやすいこと。ただ、あまり水分を吸い取る力がないので、水入れなどをひっくり返したり、さらに排泄をしたりすれば、蒸れからくる雑菌が湧きやすくなります。また、ガラスやアクリルのケースの場合、水分を含んだ新聞紙は底面を予想以上

水入れ。ひっくり返されないよう多少の重量があるものを選び、水は常に清潔に保つ

シェルター各種

に冷やしてしまいます。頻繁にチェックすることができれば、すばやく清潔にできる便利な床材であることから、個人的には新聞紙を使用しています。特にラックシステムを使用して飼育している人にはお勧めの床材だと思います。

　ペットシーツもよく使用されています。利点としては水分を吸い取るため、ヘビの体がさらさらのままという点が挙げられます。ただ、以前カリフォルニアキングスネークが顔を押し付けて、ペットシーツを咥えようとしていた姿を見てからは、餌のにおいから誤飲することがあるのではないのかと使用を控えています。新聞紙を誤飲したのであれば排泄を待つこともできますが、ペットシーツの素材は化学物質なので獣医さんに直行が必須です。ただ、これはカリキンの話で、ボールパイソンで誤飲したというのは聞いたことがありません。愛用する人も多いので、各自の判断で使いやすい素材を選べばよいでしょう。

【水容器とシェルター】

　飲み水用として、水容器を設置します。ヘビは脱皮をするために、体全体を浸けることのできる水容器が必要であると言われていたりしますが、脱皮直前でないかぎり、体全体を水容器に浸ける必要性はないと思われ、わりと小さめの水容器を設置すればよいかと思います。簡単にひっくり返らない少し重量のある水容器を使います。飲み水なので常にきれいな水を入れておきます。

　シェルターについてですが、ボールパイソンは自然下では土の穴の中にいることが多いため、周囲の光が入ってくる透明なアクリルやガラスといったような素材のケージでは落ち着かない個体も中にはいます。その場合はシェルター（隠れ場所）を設置することも考えます。半透明のケージで飼育している場合は、ケージそのものがシェルターの役割をしているため、ほとんどが必要ありません。

　なお、水容器とシェルターはケージ内の湿度を維持する役割も担います。アフリカというと灼熱の乾燥した場所を想像されがちですが、ボールパイソンが潜んでいる土穴の中はしっとりと少し湿っていて、その

中でボールパイソンは日中の大半を過ごしています。だいたい50%からそれ以上の湿度がボールパイソンには適した環境と言えます。ですが、実際の飼育下では比較的高い温度設定にするため、ヒーターによってかなりの水分が奪われ、ケージの中はかなりの乾燥状態となっていることが多いのです。特に冬場、エアコンその他の熱源によって乾燥する環境になったりすると、脱皮不全や呼吸器系の疾患を起こすことがあります。多頭飼いをしている場合などは加湿器を置き、部屋全体の湿度を上げることが合理的かもしれませんが、ペットとして数匹飼育している場合は各ケージごとに湿度を上げることを考えてみます。ボールパイソンのケージにセッティングされているのをあまり見かけませんが、シェルターの中にわずかに湿らせた水苔を入れたセッティング（ウェットシェルター）をすれば、人工的な高温設定による極度の乾燥からボールパイソンを守ることができます。乾燥を原因とするトラブルは、脱水による便秘や脱皮不全・呼吸器系疾患などが挙げられます。小さな個体の場合は、水苔を入れたタッパーの上部に穴を開けて、飼育個体が入れるようにするといいでしょう。

【照明】

　生息環境でも書いたとおり、ボールパイソンは地上棲で暗い穴に隠れて生活しているため、光を好みません。また、爬虫類飼育でよく用いられる紫外線ライトの直接照射を嫌います。全体的に見て、光は昼夜が分かる程度で十分です。そのため、ボールパイソンのブリーダーは飼育する際

爬虫類・両生類飼育用のデジタル式温度計

も半透明のラックで飼育し、それがボールパイソンを落ち着かせ、良い結果を出しています。もちろん、いろいろな欲求から飼育が始まるので、部屋の中で綺麗なボールパイソンを観賞したいという人もいるでしょう。照明は美的観点からの利点のみと言えます。暗い部屋の中に照明に照らされたケージがあって、太い木の枝や観葉植物を配した中にボールパイソンが暮らす光景を眺めるという図を想像しただけで、筆者もそういうふうに飼育してみたいと思ったりします。繁殖などは考えず、観賞用に1匹飼育したいという人はおそらくこういうセッティングを選ぶのではないでしょう

トング

セッティング例。不透明な衣裳ケースを利用。ペットシーツを敷き、水入れを設置

か。ボールパイソンはこのような環境は好みませんが、実際、飼育する楽しみも捨てられない場合は、スポットライトなどのような強い光は避けて、熱帯魚の水槽に設置するような上置き式のライトを付けるとよいでしょう。シェルターを設置すると、明かりが点灯している間、ずっとその中にひきこもっているので、シェルターの代わりに、影になる部分を作ってあげることを考えましょう。光を遮るように、ガラスケースの上部に太い枝もしくは人工植物を設置して、その陰に隠れることができるようにします。注意点は、管理面から不衛生になりやすく、温度管理や掃除がたいへんだったり、せっかく綺麗に設置した装飾がすぐにメチャクチャにされる可能性があるということです。ですが、自分の部屋で生き物を眺めたり触ったりしたいという欲求は、一番最初に生き物を手にするきっかけともなります。あえてお勧めはできないですが、ありかもしれません。

【その他揃えたい飼育用品】
＊温度計

飼育温度の設定のために必要です。いろいろなタイプが市販されています。ケージの大きさなどに合わせて使いやすそうなものを選びます。

＊ピンセット（トング）

餌をあげる際に必要です。ボールパイソンの餌やりに適しているのは、長さのあるピンセット。しばしば激しくアタックし、ピンセットごと咥えこんだりする場合があるので、歯や顎を傷めない素材の木製もしくはプラスチック製のものがよいでしょう。ステンレス製でも先端にゴムが巻いてあるタイプはOKです。

餌は齧歯類

ボールパイソンは自然下では齧歯類を食べています。昔と違って最近では、餌としての清潔なマウス（ハツカネズミ）が各サイズごとに供給されるようになりました。餌はたいていの爬虫類のショップ（ヘビを扱っている）で入手することができます。近くにショップがないという人でもネットで入手することもできます。ヘビを飼育し

模様のヘン顔 コレクション

同じモルフでも個性があって、個体選びの際に模様に注目してみるのも楽しいもの。宇宙人顔・カエル顔・どくろ顔 etc.

たことがなく、ボールパイソンが初めてのヘビだという人は、まず餌のサイズの呼びかたにも戸惑ってしまうかもしれません。

【マウスのサイズ】

ピンクマウス……生まれてまもない2～3cmのマウス

ファジーマウス……毛が生え始めた3～4cmのマウス

ホッパー……ファジーが少し成長して毛が生え揃ったマウス

アダルト……ホッパーがさらに成長したもの

ヘビのサイズに合わせてマウスのサイズもチョイスする必要があるので、マウスの名称はともかくボールパイソンを購入する際は餌のサイズを聞いておくと、その餌のサイズから始めることができます。サイズ以外には餌を食べているかどうか、また、マウスを食べるのか、ラット（マウスより大型のネズミ）を食べるのか、ピンセットから食べるのかどうか、その他、飼育個体固有のクセを聞いておきます。置き餌で食べるボールパイソンは稀ですが、中にはピンセットからは食べないけど、置いてある餌を誰も見ていないところでこっそり食べるという変わり者も

いたりするからです。

ボールパイソンは体型的にがっしりと太い体躯を持っているため、生まれた時からファジーマウスを食べることができます。ベビーの時の餌やりの間隔ははっきりと決まっていませんが、1週間を置かず与えるようにします。ナミヘビほど悠長にかまえる必要はなく、温度管理さえしっかりしていれば、小さなうちは餌をいくらでもほしがるので、ファジー程度の餌であれば3日おきくらいに与えても問題はありません。

ただ、ボールパイソンはもう餌は必要ないと本能的に思えば、ぴたっと餌を食べることをやめることが多々あります。季節的なものや繁殖シーズン以外に餌を食べなくなる場合、他の種類のヘビの場合、拒食といって、病気を疑わなければならないのかもしれませんが、ボールパイソンの場合は、自然下では雨季などに齧歯類がたくさんいる時期に

ピンクマウス。常温で解凍してから与える（レンジは使わないこと）

たくさん食べて、いない時期は食べないという生理的なサイクルがあるので、拒食はごく普通のことで心配しなくてもよいです。ボールパイソンが拒食のサイクルに入った場合、心配のあまり強制給餌を行おうとする人がいますが、放っておいたほうがボールパイソンの健康にはいいはずです。とは

いえ、稀に病気の場合があります。そういう場合は急速に体重が落ちていくので、見ていてわかります。いつも不思議に思うのですが、健康な拒食ボールパイソンは長い拒食シーズンに入っても（2〜3カ月食べないこともあります）体重が落ちません。

餌の種類

マウスの他にもラットがあり、こちらのアダルトサイズは300gを超えるサイズになるので、ボールパイソンにアダルトサイズを与えることはほとんどありません。大型の2kgを超えるボールパイソンにラットのSサイズを与えることはありますが、ほとんどのボールパイソンはラットなら、4週齢まで

でを使用します。アダルトのボールパイソンはマウス1匹では足りず、2〜3匹を1回の給餌で与える必要がある場合があります。2匹めのマウスにすぐ飛びつくボールもいれば、中には1匹のみ食べたら、なぜだかはわかりませんが2匹めには見向きもしない個体もいます。ラットの4週齢の大きさはアダルトマウス2匹分くらいなので、そういう個体にラットは便利です。

通常、手に入れやすさと管理のしやすさから、冷凍マウスを使用することがほとんどですが、自分で殖やして生き餌を与える人もいます。こちらは新鮮なのでボールパイソンは喜んで食べます。ハッチしたばかりのボールパイソンに餌を初めてあげる時は少し緊張します。最初からすんなり冷凍マウスに食いついたら、まさにラッキーといった気分です。中には、数回冷凍ファジーを試しても頑固に食べず、ついにはアシストして食べさせなければならない場合もあります。もちろん、面倒くさいのは当たり前なのですが、ボールパイソンのベビーにとってもストレスになってしまいます。その点、生き餌のファジーマウスがあれば、ひと晩置いておけば、頑固なベビーもほとんどが食べてしまいます。気をつけなければならないのは、歯のないファジーマウスはひと晩置いても大丈夫なのですが、ホッパー以上アダルトのマウスはしばらく観察していると、食べる気配がなければマウスがボールパイソンを齧るといった事故が起こります。この場合はすみやかに回収します。ヘビが攻撃しないとみると、マウスはかなり暴虐無人にふるまうこともあるのです。

ラットの3週令と4週令

アダルトラット

餌の与えかた

ナミヘビのみを飼育していていた人が初めてボアやパイソンを飼育した際にまず驚くのは、餌の捕獲の仕方です。攻撃的ですばやいその動きは、普段のおとなしいボールパイソンからは想像もできません。そして、ナミヘビとまた違うのは、ひょいと餌をそこらへんに置いておいても食べないことがほとんどということです（中には食べる個体もいます）。ボールパイソンが餌を捕獲する際に餌と認識するのは、温度と動きとにおいです。ボールパイソンの上唇部にはピットと呼ばれる熱を感知する部分があり、これが餌を認識します。目よりもピットといっていいでしょう。ですから、解凍したとしても、冷たいままのマウスを差し出しても、餌がどこにあるのかわからない状態でオロオロしています。もちろん、気の利いたボールパイソンだと、冷たくても鼻先に当たれば、においで餌だと認識はしてくれます。ですが、餌を与えるのにとても手間をとり、時間がかかるのは確実です。なので、冷凍マウスを解凍し、さらに認識しやすく餌を温めてから給餌すると、驚くほどすばやく餌を捕ってくれます。ピンセット先の餌を差し出す位置は鼻先10cmくらいが目安です。そこで、驚かさないように軽く餌を揺すって、さらに少し引くと逃げられまいと餌を捕ります。このへんは数回餌を与えていると慣れてくるので、説明するまでもないかもしれません。

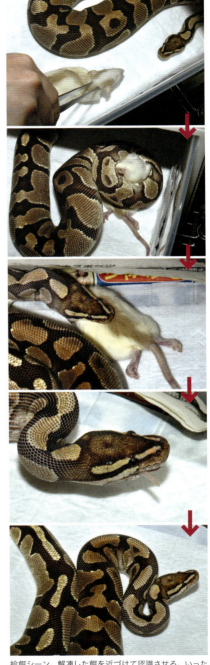

給餌シーン。解凍した餌を近づけて認識させる。いったん絞めてから呑み込んでいく

PERFECT
PET
OWNER'S
GUIDES

Chapter 3

Trouble & Desease
ボールパイソンの
トラブル・病気について

ボールパイソンはかなり丈夫なヘビで、適した飼育環境で飼育すれば何の問題もなく飼育できるヘビです。他のヘビにあるような、餌の吐き戻しなどもほとんどありません。ですが、飼育していれば、やはり1度や2度は問題が出てきたり、中には致命的な病気に晒されることもあります。爬虫類を診察できる獣医さんに相談するのが安心ですが、病気の兆候について簡単に記しておきます。

【脱皮不全】

脱皮不全はかなり頻繁に起こり、トラブルの範疇には入らないのかもしれませんが、中には眼球を何重にも覆うような深刻な脱皮不全も見られます。また、ベビーの時に体全体を締め付けるような乾燥した脱皮不全に関しては早急に対処します。対処の方法としては、体にひっついた皮を無理に引きはがすのではなく、ひと晩、水に浸けておきます。飼育ケージに水を張るのではなく、空気穴を空けたタッパーや体が収まるくらいの大きさのプラケースなどに入れ、背中のあたりまでくるように水を張ってひと晩放置しておきます。季節により室内放置だとかなり水温が下がってしまうというのであれば、いつも飼育しているケージにその入れ物ごと入れておきます。その際に、くれぐれもヒーターの上に置かないように注意してください。軽い脱皮だと、翌朝には自分で脱いでいることもあります。

皮はふやけて柔らかくなっているので、やさしく擦るようにはがし落とします。

【外部寄生虫】

一般的に見られる外部の寄生虫はいわゆるダニです。ダニにもいろんな種類が

脱皮前の個体

正常に脱皮した皮

あって、動物にとって無害な、たとえば、ヤシガラ土などに潜む白いダニなどもいるのですが、害のあるダニは吸血タイプの種類です。おおまかにいうと、目でも見えるくらい大きく、貝のようにしっかり皮膚にしがみつくタイプのダニ（マイト）と、小さな小さな黒いダニに分けられます。大きめのダニのほうは、輸入されるほとんどのボールパイソンがワイルドであった時代によく見らました。思わずひえっと一歩下がってしまうくらい大きく成長したダニなどもいました。現在のボールパイソンは繁殖個体がほとんどで、ワイルドの個体の入荷はほとんどなくなったため、大きなダニは見られなくなりました。もし、見つけた場合は歯が鱗の下に食い込んでいる場合が多いので、無理やりひきはがすことはせず、弱らせて自然に落ちるような状態になってからはがすのがベストです。この方法が一般的かどうかはわかりませんが、酢を浸した綿棒を使えば簡単に取ることができます。

問題なのは、小さなダニ（チック）で、このダニを甘くみてはいけません。新しく導入したヘビが持っていることもありますが、そうでなくてもいきなり出てくることもあります。体に小さな斑点状のものが見られたら、よく正体を確かめるようにしましょう。また、常に水入れに浸かっている場合などもダニが付いている可能性があるので、注意して観察します。小さいので、わかりにくいのですが、このダニの繁殖力はとても強く（1匹のメスが80個くらいの卵を産む）、行動領域も広い（だいたい15m四方は移動する）のであっという間に他のヘビにも蔓延してしまいます。まだ、1匹だけであれば、水浴させて、ケージをきれいにするという方法で壊滅することも可能ですが、すでに蔓延してしまった状態であれば、別の方法を考えなければなりません。何よりもヘビに与えるストレスが著しいし、他に疾患がある動物から病気が移る可能性もありますから、根絶を目指します。市販のペット医薬品や殺虫剤を使う方法もありますが、量によっては危険なこともあ

るので、使用経験のある人に確認してからにしましょう。まず爬虫類を診察できる獣医師にダニ駆除を相談するのが安全かもしれません。

【内部寄生虫 (end parasites)】

　内部に巣くう回虫や線虫の類をいいます。ワイルドのカメの内臓などにけっこういて、以前個人的にも獣医師さんから処方箋をもらいリクガメの駆虫をしたことがあります。全く餌を食べない状態でしたが、薬を飲ませてたくさんの回虫が排泄物から出てきたのを見た時は本当におぞましかったのですが、それ以来餌も食べるようになり、健康になりました。ボールパイソンの場合ですが、飼育個体のほとんどが繁殖個体になった現在、あまり寄生虫の話を聞くことはなくなりました。ボールパイソンの拒食というのは、生理的なサイクルによるものもあるので、すぐに病気と判断してあれこれいじくりまわすのはかえって危険なことなのですが、目立って体重の減少が見られる場合は内臓（特に消化器系）を疑ってみる必要があります。

　生理的な拒食の時と、寄生虫による拒食の時の体重の落ちかたの比は、とても差があります。目に見えて痩せていくようであれば、内部寄生虫を疑ってもよいかもしれません。その場合は診察を受ける際に、乾燥していない糞を持っていき検査してもらいます（小さなビニールパックなどに入れる）。寄生虫がいれば、簡単にわかり、その際に体重に適した量の薬を処方していただけると思います。

【バクテリア感染】

　ボールパイソンが病気で死んでしまうという、稀なケースのほとんどが肺炎もしくは胃腸の病気です。温度が低すぎるとか、湿度が高すぎる（蒸れる）、また、乾燥しすぎという飼育環境が要因となることが多いです。肺炎に罹ったボールパイソンの首のちょっと下あたりが、呼吸が苦しいために少し膨らんだように見えたり、呼吸音が漏れたりします。ひどくなると首を持ち上げるようにして、ヒューヒューとした音をたてることもあるので、そのような兆候がみえたら注意します。少しでもそのような兆候を観察したら、とりあえず温度を高めに保ち、湿度を上げて様子を見ます。日中は32℃前後、夜間も高めの29℃くらいにして3〜4日ほど様子を見ます。あまり長い期間、高めの温度を保つとボールパイソンが体力的に疲弊してしまうので、3〜4日を目安にして高温でキープしてみます。それでも、改善されなければ爬虫類を診察できる獣医さんに相談して薬などを処方してもらいます。また、以前は他の大型パイソン（バーミーズ／ビルマニシキヘビやレティック／アミメニシキヘビ）にみられた、抗生物質が効かないウイルス性の肺炎にもボールパイソンが罹る場合も見られます。伝染性も強いので、人間・ヘビ・飼育環境共に清潔に保ち、発症しないように細心の注意を払って飼育するのが予防に繋がります。

【ウイルス感染】

　ウイルスの感染の場合は抗生物質なども効かず、治療の方法がない病気があり、かなり致命的になります。IBD（Inclusion

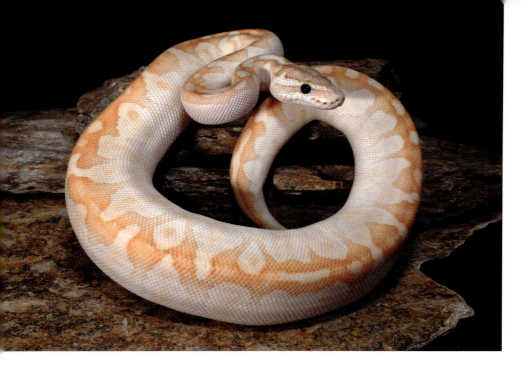

Body Disease）やOPMVと思われるウイルス感染による病気があり、死に至る病気です。これらの病気に罹るのはボールパイソンだけではなく、また、最も怖がられている感染といっても良いでしょう。IBDの初期症状は、体のバランスを崩したような動きをし始め、クネクネと回転したりします。スパイダーやウォマの神経異常の症状によく似ていますが、異なるものです。IBDはどちらかというと、大型のパイソンやボアに比較的見られて、かなり以前のことですが、ボア・コンストリクターに多発していた時期がありました。ボールパイソンにとって怖いのは、やはりOPMVと思われるウイルス感染で、こちらは感染力がとても強く、人の手やダニなどによって感染もしますが、さらに飛沫感染・空気感染もします。症状はIBDと同じく、体のバランスを崩した動きをする個体もいますが、主に呼吸器系をやられて、マウスロットのような粘液を口から出したり、呼吸が苦しくなるため体全体が膨らんで、呼吸音が聞こえたりします。この症状はバクテリア感染による風邪にそっくりなので、はっきりいって見分けがつかない場合がありますが、風邪の場合は抗生物質が効き、治療によって完治できることが多いものの、OPMVでは抗生物質が効かないという特徴があります。繁殖に時期にこの病気に罹っている個体がいたりすると、飼育している個体が全滅したりすることがあります。

　予防としては、購入した個体に関しては1ヵ月くらいは隔離して、飼育して様子を見ることをお勧めします。面倒だし、神経質すぎると思われるかもしれませんが、後で後悔しない唯一の方法かもしれません。

発症した際には、すぐに隔離します。症状の出た個体を触った手で他の個体を触らないように気をつけて、世話する際にも同様に注意を払い、世話するための用具も（ピンセットなど）別けて使用します。世話を終えた後は必ず手を消毒しますが、ウイルス対応の消毒薬を使うようにします。

いずれにしても被害を最小限に食い止めることが一番です。

【便秘もしくは消化器官の詰まり】

ボールパイソンは、特に成長期に突然餌を捕らなくなることがあります。これは、生理的な拒食といわれているもので、そう心配することはありません。また、人間同様、もうお腹に入らないから食べないという現象も起こります。この場合、単純に便秘ということも考えられます。便秘といってもだいたいは白い尿酸が石のように固くなって、排泄腔に詰まっていることが多いのですが、その原因は主に脱水です。水容器をちゃんと設置しているのになぜ、という場合もありますが、狭いケージでさらに高温飼育をしている場合にはケージ全体が高温になるため、熱で水分がかなり奪われてしまいます。その結果、尿酸や糞が固くなり排泄できないという現象が起こります。特に幼少期でまだどんどん餌を食べるのにおかしいなと思った時には、まずお腹の下あたりの排泄口近くを触診してみま

正常な糞。床材が汚れたらまめに交換し、常に清潔な環境を保つ

しょう。ごろっと固いかたまりがあれば、便秘の可能性があります。

解決策としては、脱皮不全を解消するのと同じ方法で、数時間水を張った容器に浸けて水を飲ませて、尿酸や糞を排出させます。滅多にないことですが、大きくなりすぎた尿酸を自力で排出できない個体もいます。そういう場合は歯磨きのチューブを絞り出す要領で尿酸を出すしかないのですが、慣れない場合は無理をせず、爬虫類を診察できる獣医師に相談するようにしましょう。

なお、ボールパイソンの排便についてですが、ナミヘビなどとは全くサイクルが違います。以前はヘビの餌やりの鉄則として、餌をあげて排便を確認してから餌をあげるというという説がありましたが、これはコーンスネークなどでは対応できるものの、ほとんどのボアやパイソンにはあてはまりません。時々、糞をしないことを心配する人がいますが、数回の給餌の後に排便というのが普通です。

【ハードベリー】

ハードベリーというのは文字どおりお腹が固くなるという意味です。繁殖をいくらかやったことがある人であればわかると思いますが、生まれたてのボールパイソンのお腹の部分にカミソリで後を付けたような切れ目が入っていると思います。ほとんど

が、閉じていますが、少し開いているものもいたりします。少し開いていても数日中には閉じてしまいます。この部分はいわゆるヘソにあたる部分で、卵の中にいる時に栄養を吸収している部分です。閉じているのならいいのですが、開いている場合はその部分から菌が入り、感染症を起こしてしまうことがあります。ヘソの部分のまわりが固くなり、カチカチになるので手で触るとわかります。この時点ですでに内臓にも感染しているので、助かる率はかなり低いし、長期間にわたって衰弱していきます。そうならないためには、ヘソが開いた個体がいた場合、清潔な環境に保つことが大事です。体の中に細菌が入らないように湿らせたキッチンペーパーを敷いた上にベビーを置いて様子を見ます。そうすると、ほとんどが無事にちゃんと閉じます。

【ヘミペニスもしくは脱腸】

脱腸またはヘミペニスが出たまま元に戻らないと、焦ってしまいます。これはヘビに限らず、リクガメまたはヤモリにも起こります。焦るあまり、無理に指で押し込もうとしないで、しばらくそのまま様子を見ます。だいたい数時間もすれば元に戻るのがほとんどですが、中にはそのままで乾燥しそうな状態になるのはまずいので、その場合は対策をします。

湿らせた綿棒でそっと押し込んでみます。素直に入れば、そのまま指でそっと押さえしばらく様子を見ます。それでも、だめな場合は綿棒の先に粉砂糖（普通の砂糖でも大丈夫）を付けて出てきている部分に塗ります。そのまま放置しておくと、砂糖には水分を吸収する作用があるので、しばらくすると突出した器官を小さくする効果があります。そうしておいて、そっと押

し込みます。

　出ている部分は内臓なので、気をつけなければいけないのは乾燥です。乾燥してしまうほどの時間、問題が解決しない場合は、ワセリンなど刺激のないものを患部に塗り付けて乾燥を防ぐようにします。そして、床材は新聞紙など異物がひっつかないような素材に変えておきます。

　そして、押し込むのが怖かったり、なんとも自分ではできないという場合は頑張らないですばやく爬虫類を診察できる獣医さんに相談するほうがよいでしょう。乾燥してしまうと、手術などもしなければならないかもしれませんが、押し込むことが可能な時期であれば、驚くほど簡単に解決するように思います。

【外傷・火傷】

　飼育下でのボールパイソンはそんなに危険な目に会うこともないし、滅多に怪我をしたりするものではありません。もし、何らかの理由で擦過傷などができたのであれば、消毒液を綿棒で患部に塗り、床材を清潔にしておけば、問題なく自然治癒します。ただ、生き餌を与える習慣がある場合、マウスが攻撃した場合の傷はかなりひどくなります。日本ではそう見かけませんが、アメリカのブリーダーはほとんどが自家繁殖の生きたマウスを与えているため、時々ケロイドのような傷跡のあるボールパイソンを見かけることがあります。マウスによって、肉がかなりの範囲で削り取られるようなケガの場合は獣医師に診てもらう必要があると思います。

　そして、外傷よりも多くみられるのは

ヒーターなどによる低温火傷です。広範囲にベッタリと居座っていてあまり動かないヘビ、たとえばブラッドパイソンなどに多く見られますが、ボールパイソンもたまに火傷を負うことがあります。原因としては、ケージ全体に近く底面ヒーターを敷いていて逃げ場所がないことで火傷する場合もありますが、ほとんどは空中温度（室温）がかなり低い冬の時期などに、温まろうとヒーターの上に長時間に渡ってしがみつくように居座ってしまうことで、低温火傷を起こします。この場合は、程度の差こそあれ脱水も起こしているし、外見よりはダメージがあるかもしれないので、獣医師に適切な処置を施してもらいます。

　予防するには、底面ヒーターだけではなく、空中温度を高める工夫をします。上部からのヒーターを兼用するのがお勧めです。

【脱走】

　ヘビを飼育していると、ヘビが脱走するという経験は少なからずあると思います。飼育する際の社会的な状況を鑑みると、まずケージから逃げても絶対屋外に出ることができないという環境を作ることが大事です。以前、寒い時期に大きな震災がありましたが、私は当日仕事先から自宅に帰ることができず、翌日帰ってみると爬虫類の部屋の重い引き戸も少し開いていて、爬虫類のケージは棚から落ち、中のヘビは逃げ出していて、数匹が部屋の中にいないことに気づきました。ヘビは空気の流れに敏感なので、外気の気配がする方向へ行く傾向があるということは知っていましたが、はた

して玄関口の下駄箱裏の冷たいタイルの上で息絶えていました。

　外へ出たとしても、人目につく前に息絶えたと思いますが、これが暖かい時期だと、他の家の庭先などに出没し、ニュースになったりします。ボア・コンストリクターを例にとると、実際は飼育に適した扱いやすい中型パイソンで、ペットとしてとても魅力的なヘビであるにもかかわらず、脱走して人に危害を加えたという理由で、飼育するにはかなり厳重な条例をパスした場合にのみ許可が下りるという現状となってしまいました。開け放した窓から脱走したということですが、このようにならないためには、自分が部屋にいる時以外は必ず窓を閉めて、鍵も必ずかけるようにします。換気扇からも出られないように、内側からカバーをします。

　部屋から出ることができないという条件を作っておけば、ケージから逃げたとしてもそのうち出てくるか、いずれは見つけることもできるので、慌てることはありません。寒い時期にエアコン管理ができないのが心配というのであれば、隅のほうに底面ヒーターを敷いておけば、寒さで死んでしまうこともありません。基本、探すと見つからないけど、そのうち絶対見つかるという感じです。

ボールパイソンの いろいろな顔つき

①アルビノ ②バナナ ③ノーマル ④バター ⑤ブラックアイリューシスティック ⑥ブルーアイリューシスティック ⑦アイボリー ⑧キャラメルアルビノ ⑨デザート ⑩バターシャンパン ⑪エンチキャリコクィーンビー ⑫レオパード ⑬コーラルグロークラウン ⑭フレーム ⑮ジェネティックストライプ ⑯パステルクラウン ⑰ラベンダーアルビノ ⑱スパイダー ⑲スーパーブラックパステル ⑳スティンガービー ㉑スポットノーズ ㉒スーパーオレンジドリーム ㉓シャンピンモハベコーラルグロー ㉔トフィー ㉕バニラクリーム ㉖スーパースペシャル ㉗スーパーパステエルシャンパン ㉘シナモン ㉙ピューターエンチスパイダー ㉚スーパーチョコレート

PERFECT PET OWNER'S GUIDES

Chapter 4

Breeding of Ball Python

ボールパイソンの
繁殖

雌雄の判別

　繁殖の基本中の基本ですが、飼育個体のオスとメスがわかっていなければ繁殖はできません。ブリーダーやショップの人が雌雄を確認して販売をしていることが大半ですが、プロの人でもたまに間違うことがあります。後々、間違っていたとしても、ちゃんと対処してくれるような信頼できる業者さんのところで購入することが大事かもしれません。心配であれば、オスかメスかを確認したい旨を伝え、目の前でプローブもしくはポッピングをしてもらい、自分で納得して購入しましょう。ですが、ボールパイソンの雌雄の判別はそう難しくはなく、普通のブリーダーの判断であれば、ほぼ間違いはないでしょう。

　以下、雌雄の判別について説明します。

　ナミヘビなどでは、排泄口から尾の先までの鱗の枚数でオスとメスが判別できたりしますが、ボールパイソンの場合、オスとメスの尾の長さはほぼ同じなので、外見での判断はしにくいのです。オスのほうがわずかに長いものの、それも同サイズ同士で比べなければ判断できません。また、他の中型から大型のパイソンの場合は、排泄口の両脇にあるツメの大きさがオスのほうが格段に大きく、メスのほうが小さいという見分けかたもできますが、ボールパイソンの場合はほぼ同じです。

　では、どのような方法で雌雄を見分けるのかというと、主にポッピングとプローブという方法で行います。

　多く使われているのが、ポッピングとい

う判別方法で、慣れれば、一番リスクがなく簡単な方法です。ヘミペニスを押し出して雌雄を確かめる方法ですが、尾の付け根と排泄口の上部分を、両手の親指と人差し指で軽く押さえるようにして確かめます。余分な力は入れなくても、押さえる位置のポイントが合っていれば、スムーズに出てきます。ただし、ポッピングに慣れてない場合、余計な力がかかる場合もあり、気をつけるようにします。また、よくわからないからといって、執拗までに何度も行うのも負担がかかりやすいため、念のため、またの機会にということにして、「メスかな」くらいに留め、しつこく行うのはやめるようにしましょう。ポッピングによる判断が適しているのはハッチして間もない幼体など、体が小さくて筋肉がそう強くない個体が向いており、体に負担をかけることもありません。反対に、成長しきったアダルトだと鱗も硬く筋肉も強いので、かなりの力を要し力加減がかなり難しくなります。その場合は、熟練者に任せるかプローブによる判定をお勧めします。ポッピングでは、オスは比較的わかりやすいのですが、案外、メスをオスと判断してしまう間違いが起こることがあります。メスの場合もやはり2対の白っぽい突起物がわずかに角のように出てきますが、これはヘミクリトリスといってメスに特有のものです。メスもかなり大きな角状の突起物が出る個体があって、誤ってオスと判定されることもあります。この場合、白っぽい色をしていますが、オスのヘミペニスは赤い角のような形状をしているので間違えないようにしてください。

　もう1つの雌雄を確かめる方法に、プ

ローブを使うやりかたがあります。幼体ではなく成体もしくはそれに近い個体にはプローブを使用するほうが楽かもしれません。尾に向けてプローブの棒を差し込む方法で、先が当たった場所で止めて鱗の数を目測します。ボールパイソンの場合、だいたいオスの場合は8〜9枚の深さが平均ですが、12枚くらいの深さまで入れば、確実にオス。メスは個体差があるものの4枚くらいしか入りません。プローブはやはりセンスが問われるところがあり、力の加減が大切なので(入れすぎて破るケースが稀にあります)、気をつけてください。初めての人は実際に慣れている人に教えてもらいながら行いましょう。

オスとメスを一緒にしてから産卵まで

ボールパイソンのアフリカでの生活サイクルは、生息環境のところで説明しましたが、最近では飼育下において1年中を通してボールパイソンがハッチしています。これは、自然下で乾燥し温度が低い冬場に繁殖行動のスイッチが入るという状況を飼育下に置き換えて、環境を整えれば、1年中繁殖ができるということです。ですが、プロのブリーダーならともかく、普通に日本の自然の環境に基づいて繁殖させようと思えば、繁殖期間は11月から3月までと言えるかもしれません。

繁殖に使えるオスとメスの基準ですが、オスの体重は最低でも700g(できれば800g以上)、メスは1500gの体重は必要です。この体重を年齢に換算すると、オスなら順調に成長すれば1年で700g以上に達します。メスの場合はよほど食べさせなければ、1年で1500gに達することは不可能で、だいたい2年かかります。ですから、オスはハッチしてから順調で1歳、メスは2歳平均で繁殖に持っていけるということになります。

そして、オスをメスのケージに移すのですが、その前に1カ月ほど夜間のみ温度を24℃くらいに落とします。昼は通常の温度で飼育します。このクーリング期間中、餌もいつもどおり与えますが、消化するのに負担がかからないよう、通常よりも少し小さめの餌を与えたほうがいいかもしれません。それから1カ月くらい経ったら、いよい

プロービングの例(オス)。右は入った長さ

ポッピング

よ、オスをメスのいるケージに移します。メスをオスのケージに移してはだめなのかという点ですが、問題はないと思いますが、オスは繁殖期になるとメスの存在に集中するので、周囲の環境の変化を気にはしません。メスの中には居場所が変わって少し戸惑う個体もいるかもしれないということで、ただそれだけの理由でオスをメスのいるケージに移します。オスのケージの床材についてですが、私の場合、チップを使用していたらヘミペニスにチップがくっ付いて収まらなくなったという変な事故があってからは、新聞紙を使うことにしています。

繁殖期間中のオスの体重減少には気をつけます。あまりに体重が減少している場合は、ストレスを軽くするため、しばらくメスと離しておきます。メスは卵を産まなければならないので、もちろんしっかりと餌をあげますが、オスは繁殖シーズンになると餌を食べなくなる個体が多いことから、繁殖に使おうと思っているオスはあらかじめしっかりと餌を与え、過酷な繁殖シーズンに耐えることができるようにしておきます。やがて、メスのお腹が大きくなって餌を食べなくなりますが、そうなる前のメスの食欲はかなりすさまじいものがあるので、飢餓状態にならないように餌を与えます。繁殖シーズンで、ちゃんと交尾するオスの中にも全く食欲の衰えない個体もたまにいますが、そういうオスにも餌を与えます。

メスのお腹が膨らみ始めて、オスを完全に放してしまった結果、だんだんお腹もしぼんでいったということもよくあります。卵の準備ができたよ、という時期なので、この時期にオスと完全に分けないようにします。一番良いのは数日オスを放して、また一緒にします。これを何回か繰り返します。やがてメスのお腹は膨らみ、暖かい場所で体を固く巻いていたり、ひっくり返ったり、不思議な態勢をするようになります。そのようになってから、やがて脱皮をし、それから1カ月以内に産卵が行われます。

産卵床についてですが、産卵床がなくても何の問題もなく産む個体もいます。産卵床を作るのであれば、体にフィットするボックス（タッパーでも何でもよい）に少し湿らせた水苔を入れると、そこに隠れて卵を産んだりします。ブラッドパイソンなどは水苔の準備ができるまで、なかなか産んだりしないのですが、ボールパイソンは産卵床がなくても産む個体がほとんどです。

産卵は数時間かかり、だいたい夕方から翌日の朝にかけて産むことが多く、朝硬くピラミッド状に盛り上がるように卵を巻いているのを発見したりします。稀に明るいうちに産む個体もいます。産んでいるシー

ペアリング

ンを見つけたら、産み終わるまで邪魔しないようにしてそっとしておきます。ボールパイソンはおとなしいのですが、産んで卵を固く巻いている時は稀にある程度攻撃的になる個体もいます。

なお、1回の産卵数は親のサイズにもよりますが、3～12（平均6）。

孵化する環境を作る

卵を産んだら取り上げて、人工的に孵化します。そのままにしておいても孵化しないわけではなく、温度管理その他、自然界と同じような環境であればボールパイソン自身で孵すことが可能です。ですが、飼育下においては、意外と湿度がいる環境が必要であることや、2カ月の間卵を抱え込んだままでは母親が衰弱してしまうことなど、不安のほうが大きく、確実に孵化させるために取り上げて人工孵化させます。

まず、卵を孵化させるためには、安定した温度と湿度をキープできる環境が必要となります。市販されているインキュベーター（孵卵器）を使う方法もありますが、一定の温度をキープできる箱を自作する方法

もあります。要するに、適した温度が保たれればいいわけですから、柔軟に知恵を絞ります。ブリーダーは一定の温度を保つことのできる小さな部屋、もしくは温室を持っている人が多いかもしれません。30～32℃に安定した温度設定をしておきます。どのような方法をとるにしても、卵を産む前に温度を安定させておいたほうがいいと思います。もちろん、卵をインキュベーター内にそのまま配置するのではなく、大きめのタッパーや箱に孵卵材を入れて、その中に卵を入れます。孵卵材としてはパーライトやバーミキュライト（いずれも園芸店やホームセンターで流通しています）が理想的です。人それぞれ、孵化率の良い方法を模索しているので、方法はさまざまです。各々好みの孵化材があり、水と孵卵材の比率も異なったりするので、ここでは個人的なやりかたを書いておきます。

なお、この方法は10年くらい前にTSKのコレットさんに教えてもらったやりかたで、それを応用していますが、問題なくほぼ100％近く卵は孵化します。

孵卵材の作りかた

❶孵卵材は、バーミキュライトとパーライト（重さ）を2:1で混ぜる。
❷水を混ぜる。孵卵材：水＝5:1（重さ）で。

この比率は、ヤモリを孵化する場合の平均が1:1なので、手で触った場合、サラサラで水分を含んでいるのか不安になるレベルです。部屋の湿度、孵化に使う容器の通

気状態によっても一番良い状態は変化するので、調整も必要になります。これを容器に入れて、さらに卵を置く前に乾いたパーライトをパラパラと撒きます。ただ、この水分の比率は全く空気穴を作らない方法なので、ほぼ数日おきに蓋を開けて換気します。そんなの面倒だから空気穴を2個くらい空けるという人なら、水分の比率を若干高くしてもよいかもしれません。私は穴を開けないでアクリル板で蓋をし、ほぼ毎日のように蓋を開けて換気します。この設定でほぼ湿度は100%に維持できます。

卵を孵化器に入れる

固く卵を巻いて守っているメスから卵を取り出す方法なのですが、力任せに引きはがそうとすると、ますます固く卵を守ろうとします。まず尾のほうを持って、巻いているのをゆっくりはがすようにします。尾からはがすほうが良いというのは、全体を持ち上げた場合、卵を尾に巻いていることが多く、最悪、持ち上げた時点で尾に巻いた卵が落下して、数少ない卵の1つをダメにしたりします。ボールパイソンは比較的おとなしいのですが、中にはかなり興奮して攻撃してくる個体もいるかもしれません。そういう場合はタオルか何かを頭の部分にかけてから、卵を巻いている体をほどいて、母親を別のケースに移したうえで卵を転がさないようにして注意深く取ります。

卵はきれいに整列しているわけではなく、固まってひっ付いていたり、中には下になって隠れて見えない卵があったりします。この場合、別にくっ付いたままでも下から抱えるようにして、そのまま移動して孵卵材の上に置いても全く大丈夫で、下のほうの卵もちゃんと孵化します。個人的には簡単に放せる場合は放しますが、そうでない場合は無理してはがさないようにしています。どうしても1個ずつにしたい場合は、無理やりひっぱらないで、デンタルフロス（糸楊枝）を使って離すとうまくいきます。

有精卵はきれいなオフホワイトで、サイズは鶏卵よりはちょっと大きめです。感触は鶏卵のようにパリパリした硬さではなく、革のような弾力を持っています。巻いている卵はほとんど有精卵ですが、中には、無精卵（スラッグ）もあるかもしれません。その場合、大きさも小さく、色もどんよりと汚い色をしています。そして、巻かずにそのへんにうっちゃっていることがほと

んどです。が、うっかりしたメスだと、その
へんに有精卵を転がしていることもあるの
で回収しましょう。中には有精卵であるの
か、スラッグであるのかわからない卵もあ
ります。その場合はとりあえず孵化器に入
れますが、スラッグの場合は数日中に腐っ
てきます。稀に規格外に小さく、形も変な
卵で色はきれいというような卵があり、有精
卵のこともあります。その場合、通常よりも
ずっと小さい子供が生まれてきます。です
ので、安易に捨てないで、様子を見たほう
がいいかもしれません。

孵化する際の注意点

　孵化する際の設定温度に関しては、高す
ぎる温度と低すぎる温度には気をつけるよ
うにします。温度が高すぎると、背骨など
に異常が出やすくなり、逆に温度が低すぎ
ると卵が死籠もりする率が高くなります。

　孵化する2週間前くらいから、卵はポコ
ポコにへこんだ状態になってきます。一
見、水分不足から卵がしぼんできたように
見えるのですが、これは中で形ができてき
て、孵化待ちの状態に入ったということで
す。この時点で、湿度が足りないせいで卵
がダメになってしまうと焦ってしまい、水を
足してしまうというミスはよく起こります。
水を足してしまうと、空気中の水分が多く
なり、孵化直前の卵の中は呼吸ができなく
なる状態になります。いわゆる溺れた状態
に陥り、死んでしまいます。

　孵化直前に卵が死んでしまうほど悔しい
ことはないので気をつけましょう（ヒョウモ

ントカゲモドキの孵化などに慣れた人が起
こしやすいミスです）。

孵化と幼体

　31〜32℃の温度、100％の湿度でだいた
い60日平均で卵は孵化します。それより低
温の環境だと、もう少し日数がかかります。
口の先に尖った角のような鱗があって、そ
れで卵を割って出てきます。ベビーにとっ
て、これはたいへんな労力がいる作業だ
と思われます。慣れたブリーダーは、中の
ベビーが安全に出てくることができるよう
に、目安の日時がきたら卵にスリットを入れ
ます。が、温度のずれがあれば、孵化期間
もずれるので、この方法はきちんと温度管
理ができ、だいたい正確な日時も把握でき
る場合にのみお勧めします。

　健康な卵であれば、自力でベビーが顔を
出してきます。卵から頭を出しても、そのま
まスルスルと出てくるわけではなく、1日く
らいは卵の中に留まっています。そして、
だいたい1日の間には全ての卵から顔が出
るはずです。最初にハッチした卵から1日
経っても顔をのぞかせないような卵があれ
ば、卵にスリットを入れると、そこをめがけ
て出てきます。ですが、この頭をのぞかせ
ているような時に、引きずり出したりしない
ようにします。卵の中でグズグズしている
のは、外が怖いというわけだけではなく、ま
だ吸収しきれていない卵黄を吸収している
場合が多く、無理に出すとお腹の部分が開
いたままで、卵黄を引きずったベビーが出
てくる可能性があります。自力で出てきた

個体の中にもお腹が閉まらず、卵の中身を引きずったようなベビーがいることがあります。この部分に細菌などが入り、化膿すれば先述の「ハードベリー」になり、結果、致命的になることがあるので、できるだけ清潔な環境において置き、お腹の割れ目がくっ付くのを待ちます。湿らせたキッチンペーパーを敷いた小さめの容器にそっと入れておくと、たいていの場合、2〜3日でお腹が閉じるのがほとんどです。

生まれてきた幼体のケア

生まれてきたベビーは、水容器をそれぞれ入れた個別の容器に移します。小さいので、そう大きなケージは必要ありません。温度はケース内の温かい場所で30℃くらいに設定します。

だいたい10日くらいすると、最初の脱皮をするので、その脱皮を待ってから最初の餌を与えます。最初の餌としては、マウスだったらファジー、ラットだったらピンクの小さめくらいが適した大きさです。冷凍マウス・ラットは解凍してから与えますが、ボールパイソンはピットで餌の熱を感知するので、手で持って少し温かいと感じるくらいに温めてからあげます。基本的に餌を怖がるので、頭の前でピンセットを強くふりかざすと、頭をすくめて怖がるのが普通なので、できるだけそっと近づけるようにします。最初から飛びついて食べる子もいますが、冷凍のマウスだと、最初は時間がかかるかもしれません。活ファジーを与えるとすんなり食べることが多いので、最初の

給餌は活ファジーで行っても良いかもしれません。いったん餌を認識して食べることができれば、次回からは貪欲に餌を捕るようになる個体がほとんどだからです。ですが、活ファジーを入手するルートがないという人は、根気よく冷凍ファジーで餌付けを行うしかありません。

それでもなかなか冷凍ファジーに餌付かないという頑固なベビーは、当たり前にけっこういます。ボールパイソンは生理的な拒食があり、その場合は強制給餌をすることなく食べるまで待ちますが、生まれたばかりの幼体が脱皮から2週間待っても食べない場合は、アシストもしくは強制給餌をして体力を温存しなければなりません。

そこで、アシストと呼ばれる給餌方法を採ります。通常の餌よりひとまわり小さな餌を口の中に入れる方法ですが、これを2、3回繰り返すと、自分から食べてくれるようになる個体がほとんどです。けっこう嫌がりますが、片手で頭の両脇を軽く持ち、口先にファジーの先を軽く押し当てると口を開きます。そして、口の中に半分くらい入れ、軽く噛ませるようにしておいて、手前に餌を引っ張ると餌が歯に引っかかるような形になります。そうなると、暴れて何とか餌を引きはがそうとしますが、歯が引っかかっているので、そんなにすぐには取れません。そこで、いったん落ち着いてから餌を認識して、飲み込む個体もいるし、暴れたまま餌を放り出してしまう個体もいます。

この方法を何度か試してみてもダメな場合は生命を維持するために、強制給餌を行います。方法はアシストと同じですが、餌を喉元深く押し込むようにして、飲み込ま

せる方法です。強制給餌を2、3回繰り返せば、自分から餌を捕るようになります。

繁殖に関してよく使われる言葉

≫ブリード (Breed) ……繁殖すること。

≫アウトブリード (Outbreed) ……違う血統同士の交配。

≫インブリード (Inbreed) ……近親交配。遺伝を証明したり、形質を固定するために行われる交配です。すぐに弊害が現れるわけではありませんが、長年に渡るインブリードは奇形や疾患が現れやすくなります。

≫ラインブリード (Line Breed) ……インブリードと同目的で、形質を固定するためですが、インブリードによる弊害を避けるために、同じような特徴を持つ同系統を掛け合わせて、さらに綺麗な個体を作出するブリーディング方法。

≫セレクトブリード (Select Breed) ……ほぼ、ラインブリードと同じ意味ですが、同族内でその特徴を固定するというよりも、他系統の特徴をプラスして、自分の理想に近づける繁殖方法。ラインブリード、セレクトブリード共に、ポリジェネティック遺伝（親の形質が仔に伝わる）する形質に用いられることが多いです。

≫ハイブリッド (Hybrid) ……異種間配合のこと。同じ属同士の異種同士は交配できる場合があります。ボールパイソンの場合はブラッドパイソンなどとの交配が有名ですが、どちらにも似ているのがおもしろいです。

孵化間もないクラウン。独特の質感をしている。最初の脱皮が近い個体

≫**クラッチ (Clutch)** ……1回の産卵を1クラッチと呼びます。

≫**シブリング (Sibling)** ……同一の母親から生まれた卵から孵った兄弟のことを指します。意味はそれだけで、よくノーマル個体を共優性個体のシブリングと意味ありげにいったりしますが、優性・共優性遺伝のノーマルシブリングはノーマル以外の意味を持ちません。

≫**スラッグ (Slug)** ……交配をした結果、生まれた卵のうちの無精卵をスラッグと呼びます。

≫**アンプローブン (Unproven)** ……一見奇妙な特徴を持った個体だとしても、遺伝が証明されていない場合をアンプローブンと言います。

≫**ホモ (Homozygous)** ……遺伝子が目に見えた形で表現されていること。特に劣性遺伝をするモルフの場合、目に見えない隠れた遺伝子を持っているものをヘテロ、ヘテロが2対になって表現型となって表れた形をホモと呼びます。

≫**ヘテロ (Heterozygous 略して Hetero もしくは Het／ヘット)** ……劣性遺伝の場合、表現としては現れていませんが、遺伝子を持っているものをヘテロと呼びます。ヘテロもしくはホモを掛け合わせて初めてホモとして遺伝が表現されます。

≫**ダブルヘテロ (W Heteroygous)** ……劣性遺伝のモルフ同士を掛け合わせた場合、最初に生まれてくるのは、全てどちらの劣性遺伝の特徴も表現しますが、お互いの遺伝子は保持しています。表現に現れない遺伝子をダブルで持っているという意味でダブルヘテロといいます。

≫**表現型 (Phenotype)** ……遺伝子による特徴が表現されていること。たとえば、アルビノの表現型はアルビノですが、ヘテロアルビノの表現型はノーマルです。

≫**CB (Captive Breed)** ……飼育下で繁殖されたもの。証明されたモルフのほとんどは CB です。CB17とか CB18とか記載されている場合は2017年、2018年に飼育下で生まれたということです。

≫**CH (Captive Hatch)** ……Captive Hatch は捕獲した個体から生まれた仔という意味で、野生下で捕獲したメスが卵を持っていて、そこから生まれたものを略してCH といいます。いわゆる持ち腹と言われているメスから生まれてきた個体を指します。

≫**FH (Farm Hatch)** ……FH は、Farm Hatch の略で、直訳すると農場産という意味。野生下から採取した卵からハッチした個体、もしくは現地のファームでハッチしたものを指します。多くの新しいミューテーションはこのファームハッチから出現しています。新しいモルフを求めて、今でも奇妙なカラー・パターンを持った FH はとても人気があります。

≫**WC (Wild Caught)** ……現地で採取された個体をいいます。以前は（20年くらい前）ほとんどがワイルド個体であまり良い状態で入荷されなかったことから、ボールパイソンの餌付けは難しいという印象を与えてしまいました。現在では、ワイルドのベビーの入荷はほとんどなくなりました。ですが、ミューテーションと思われるものが現地で見つかった場合、大小のサイズを問わずブリーダーにそれなりの価格で売られていきます。

PERFECT
PET
OWNER'S
GUIDES

Chapter 5

Inheritance of Ball Python

ボールパイソンの遺伝

イベントなどに行くと、たくさんのボールパイソンがいて、黄色かったり赤かったり、白かったり、また、わけのわからないほどの長い名前が付いていたり、価格が高かったり安かったり、初めての人はこれから飼育するのに戸惑う人が多いかもしれません。どんなに複雑な名前が連なっていようと、どんなに不思議な柄をしていようと、元々は単一の遺伝形質の特徴を重ねたものなので、1つ1つの形質を理解すれば、どのような組み合わせで誕生したボールパイソンなのか、どうしてそんなに長たらしい名前が付いているのかもわかります。本来、ノーマルではない個体のオリジナルの形質というのは、人間が人工的に作り出すものではなく、ミューテーションと言われる突然変異で、これを単一モルフと呼びます。そういう根本的なミューテーションの遺伝子を組み合わせることによって、人為的に作り出したものをデザイナーズモルフと呼びます。

ここでは、主に基本となるミューテーションシングルモルフを紹介していきます。また、モルフと呼ばれるのはほぼ100％遺伝するという検証がされたものだけを呼びます。ワイルドやFHの中でいくら色が淡く、あきらかに他とは違うボールパイソンがいたからといって、遺伝が証明されなければモルフという呼びかたはされません。

劣性遺伝／Recessive

それぞれの単一の形質を持つボールパイソンを掛け合わせた時に表現型（ホモ）として現れる形質を優性といって、逆に表れない形質を劣性といいます。劣性遺伝の場合を説明すると、たとえばよく知られているアルビノボールパイソンは劣性遺伝をするのですが、これを劣性遺伝のノーマル・優性・共優性の個体と掛け合わせたとすると、最初にアルビノ表現は1匹も生まれてきません。では、アルビノの形質はなくなってしまったのかというと、そうではなく陰に隠れているのです。そして、アルビノの形質が現れるのは、このアルビノの遺伝子が1対になった時です。この陰に隠れている状態を「遺伝子型（ヘテロ）」といい、1対になってアルビノが現れる状態を「表現型（ホモ）」と言います。

遺伝の仕方を簡単に見る方法としてパネットスクエアという表を使うのですが、慣れるととてもわかりやすい方法です。パネットスクエアを使う際には、2つの遺伝子組を優性の場合はアルファベット大文字で、劣性の場合は小文字で表します。アルビノの場合の遺伝子は劣性遺伝子2つなので、aaと表します。

まず、アルビノ「表現型（ホモ）」aa×アルビノ「表現型（ホモ）」aaを掛け合わせ

アルビノ

ると、劣性遺伝（ホモ／aa）×劣性遺伝（ホモ／aa）の場合、

アルビノ（aa）♂ ×アルビノ（aa）♀

遺伝子は1対になっていますが、パネットスクエアの1つの枠に1つの遺伝子を配置します。

♀＼♂	a	a
a	aa	aa
a	aa	aa

100％アルビノが出現します。

劣性遺伝（ホモ／aa）×劣性遺伝（ヘテロ／Aa）の場合、

アルビノ（aa）♂ ×ヘテロアルビノ（Aa）♀

♀＼♂	a	a
A	Aa	Aa
a	aa	aa

アルビノ（aa）＝50％

ヘテロアルビノ（Aa） 50％
この場合100％ヘテロになります。

劣性遺伝（ヘテロ／Aa）×劣性遺伝（ヘテロ／Aa）の場合、

ヘテロアルビノ（Aa）♂×ヘテロアルビノ（Aa）♀

♀＼♂	A♂	a
A	AA	Aa
a	Aa	aa

ノーマル（AA） 25％
アルビノ（aa） 25％
ヘテロアルビノ（Aa） 50％

この場合ノーマルとヘテロアルビノは表現が同じであるため、どの個体がヘテロであるかがわかりません。ノーマル25％、ヘテロ50％合計75％のうちの50％がヘテロの可能性ありという意味で、66％ポッシブルヘテロ（ノーマル表現のうちの66％の確率でヘテロですよ）と呼ばれます。

スパイダー

この場合繁殖するまではヘテロかノーマルかの区別はつきません。

優性遺伝／Dominant

　それぞれの単一の形質を持つボールパイソンをかけ合わせた時に表現として現れる形質を優性遺伝といいます。
同じ形質同士を掛け合わせてもスーパー体は出現せず、同形質かノーマルが生まれてきます。
　優性遺伝のスパイダーとノーマルを掛け合わせてみます。

スパイダー（SN）×ノーマル（NN）♀

♀＼♂	S	N
N	SN	NN
N	SN	NN

スパイダー（SN）　50％
ノーマル（NN）50％
　で、スパイダーとノーマルが半々の確率で誕生します。

スパイダー（SN）♂×ピンストライプ（PN）♀の場合は、優性遺伝×優性遺伝の組み合わせです。

♀＼♂	S	N
P	SP	PN
N	SN	NN

ピンストライプ（PN）＝25％、スパイダー（SN）＝25％、スピナー（SP）＝25％、ノーマル（NN）＝25％となります。

スパイダー（SN）♂×レッサープラチナ（LN）♀は、優性遺伝と共優性遺伝の組み合わせです。この場合も優性×優性と同じ結果となります。

♀＼♂	S	N
L	SL	LN
N	SN	NN

レッサースパイダー（レッサービー）＝25％、レッサー＝25％、スパイダー＝

25％、ノーマル＝25％

スパイダー（SN）♂×アルビノ（aa）♀は、優性遺伝×劣性遺伝の組み合わせです。

♀＼♂	S	N
a	Sa	Na
a	Sa	Na

スパイダーヘテロアルビノ（Sa）＝50％、ヘテロアルビノ（Na）＝50％

共優性遺伝／Co-Dominant

　優性遺伝ですが、ヘテロとホモで表現型が違ってくる特殊な優性遺伝です。遺伝子の1対のうちの1つが優性（つまりヘテロの時点）において優性遺伝をし、さらに遺伝子がホモとなった時にいわゆるスーパー体が生まれる遺伝です。表現が現れるか現れないかの違いで劣性遺伝とシステムは同じです。

　ボールパイソンは他の繁殖されている爬虫類に比べるととても共優性遺伝が多いのが特徴で、繁殖が盛んになった一つの要因となっています。共優性遺伝とノーマルの掛け合わせは、優性遺伝と同じ結果です。

　共優性遺伝×共優性遺伝の場合は、レッサープラチナ（LN）♂×レッサープラチナ（LN）♀

♀＼♂	L	N
L	LL	LN
N	LN	NN

スーパーレッサープラチナ（ブルーアイリューシスティック）＝25％、レッサープラチナ＝50％、ノーマル＝25％が出てきます。

Chapter 6

PERFECT PET OWNER'S GUIDES

Picture book of Ball Python
モルフカタログ

ワイルド

モルフカタログ ／ Morph catalog

さまざまなノーマル（野生型）

　現在のボールパイソンといえば、色柄共に星の数ほどあり、ノーマル個体を見かけることのほうが少なくなった感があります。ですが、急速にさまざまなミューテーションが現れたのはこの20年あまりのこと。現在も、人の手によってミューテーション同士を交配させ、ますます繁栄をしています。その速度と数に関しては非常にめまぐるしく、日ごとに新しいミューテーションのニュースが入ってくるという状態です。そして、すぐさま脚光を浴びるもの、地味に定着するもの、または忘れられていくものなどさまざまです。やはり、残るものと言えば、他のミューテーションと交配させた結果がすばらしいもの、スーパー体が刮目されるものなどかもしれません。今までも、洋書を含め紙媒体でモルフ解説が出ていますが、2～3年で古くなる感は否めません。ボールパイソンに関してまとめたモルフ解説をするのであれば、1年ごとくらいの間隔で更新しなければならないのかもしれませんね。

　さて、遺伝が証明されたミューテーションを「モルフ」と呼びますが、目立たないものは自然消滅していきます。また、昨今、毎日のように現れる単体モルフで目立たないものでもスーパー体、もしくはコンボモルフとなった時に個性的で綺麗な個体が出現し、その遺伝的な特徴がはっきり遺伝することが分かれば、金字塔的モルフとなることがあります。エンチやオレンジドリームなどがそうかもしれません。そこで本書では、モルフとして証明されて、定着しているものを選んで記載します。

　愛好家の中には、あれがないしこれもないし、という向きもあるかもしれませんが、ボールパイソンのモルフは「生もの」ということでご容赦ください。

ノーマルで流通する個体たち。色合いや模様はノーマルタイプでも個性が見られます

モルフカタログ / Morph catalog

WC（ワイルドコート）個体

WC×WC の仔が成長したもの

FH（ファーミングハッチ）

トーゴ産 WC　トーゴ産 WC

FH の入荷風景

0 5 6　Chapter 6　モルフカタログ　PERFECT PET OWNER'S GUIDES

モルフカタログ / **M**orph catalog

ベナン産WC

ストライプタイプ

ストライプタイプ

FH。ジャングルタイプ

FH。ハーレキンタイプ

FH。ブラックタイプ

FH。ブラックバックタイプ

モルフカタログ ／ Morph catalog

WC（ワイルドコート）個体

FH。IMGタイプ

FH。シルバーパステルタイプ

リンガー。体色の一部がパッチ状に抜けている表現をリンガーと呼びます。アルビノなどの遺伝が証明されたモルフが出現する以前から、広く知られた表現の形質ですが、遺伝に関しては証明されていないため、モルフとしてではなく、個体ごとの突然変異と見られています

モルフの歴史

1990年代の始めくらいまで、ボールパイソンは数ある爬虫類ペットの中の1種類にすぎませんでした。飼育するのにもちょうど良いサイズで、見ためもパイソン特有の魅力があり、しかも低価格で手に入る人気のあるヘビでしたが、その他の爬虫類ペットの中の1つといった印象で、とりわけ注目されるような種類ではなかったのです。

1990年代、最初にペット対象としてのボア・パイソンの選択肢として、ボールパイソンかボア・コンストリクターが定番でした。どちらかというと、爬虫類ファンの間ではボア・コンストリクターの人気が群を抜いていたように思います。これは、当時輸入されてくるボールパイソンの状態や質がかなりひどく、飼育するのが難しいとされていたことにも関係があります。

ところが、2000年を過ぎるあたりから立場は逆転。そして、全ての爬虫類の中でも注目を浴びるトップの地位に躍り出ました。それは、初めてのミューテーションであるアルビノが出てきた時期から加速していきます。もっともアルビノは1992年に出現したのですが、当初は高額すぎて、一般の爬虫類好きが手を出せる金額ではありませんでした。しかし、衝撃的なボールパイソンのアルビノの出現により、ブリーダーたちはアフリカの現地のちょっと変わった柄・色のボールパイソンに関心を持つようになります。そのせいか、アルビノが出現してから堰を切ったようにさまざまなモルフが出現することとなったのです。

ボア・コンストリクター

第 1 期　アルビノ出現 1992 年～1999 年まで			
アルビノ（Albino）	劣性遺伝	1992 年	Bob Clark
ゴースト（Ghost または Hypo）	劣性遺伝	1994 年	NERD
キャラメルアルビノ（Caramel Albino）	劣性遺伝	1996 年	NERD
ＶＰＩアザンティック（Axanthic）	劣性遺伝	1997 年	VPI
Jollif アザンティック（AxanthicJollif）	劣性遺伝	1997 年	Jollif
Pastel（パステル）	共優性遺伝	1997 年	NERD
パイボール（Piebald）	劣性遺伝	1997 年	Peter Kahl
グリーンパステル (Green Pastel/Lace blackback)	共優性遺伝	1997 年	Amir Soleymani
ルッソ (Russo Het Luci)	共優性遺伝	1998 年	Cutting Edge Herp
ＴＳＫアザンティック（Axanthic TSK）	劣性遺伝	1999 年	TSK
チョコレート（Chocolate）	共優性遺伝	1999 年	BHB
ジェネティックストライプ (Genetic Stripe)	劣性遺伝	1999 年	VPI
スパイダー（Spider）	優性遺伝	1999 年	NERD
イエローベリー（Yellowbelly）	共優性遺伝	1999 年	Amir Soleymani

アルビノ

　この間5〜6年なのですが、人気が沸騰する要素となるセンセーショナルかつ基本となるモルフが出揃いました。劣性ではアルビノ・アザンティック・ゴースト・パイボールなど。また、初めての共優性遺伝であるパステルが出現し、ノーマルとの最初の配合で鮮やかな黄色い色彩が遺伝するのは驚きだったし、さらに優性遺伝でインパクトのある柄のスパイダーが出現したことによって、品種改良はさらに過熱していきます。最初の注目を浴びたコンボモルフはバンブルビーあたりでした。一般ユーザーが手に入れられる可能性があるのはパステルかスパイダーで、アルビノ、さらにパイボールなどはとんでもない高値の存在でした。パステルが50万、アルビノが100万くらいまでで、価格が落ち着いたのは2000年代に入ってからです。

アザンティック

ゴースト

ボールパイソン 063

パイボール

パステル

スパイダー

バンブルビー

第2期　2000年〜2009年

Markus アザンティック (AxanthicMarkus Jane Line)	劣性遺伝	2000年	Markus Jane
ブロンドパステル（Blonde Pastel）	共優性遺伝	2000年	Matt Terner
レモンパステル（Lemon Pastel）	共優性遺伝	2000年	NERD
モハベ（Mojave）	共優性遺伝	2000年	TSK
バター（Butter）	共優性遺伝	2001年	Reptile Industries
ヘットレッドアザンティック (Het RedAxanthic)	共優性遺伝	2001年	Corey Woods
ラベンダーアルビノ (Lavender Albino)	劣性遺伝	2001年	Ralph Davis
レッサー (Lesser Platinum)	共優性遺伝	2001年	Ralph Davis
ピンストライプ（Pinstripe）	優性遺伝	2001年	BHB
ブラックヘッド（Black Head）	共優性遺伝	2002年	Ralph Davis
ブラックパステル（Black Pastel）	共優性遺伝	2002年	Gulf Coast Reptiles
ブレイド（Blade）	共優性遺伝	2002年	Markus Jayne Ball
キャリコ（Calico）	優性遺伝	2002年	NERD
コーラルグロー（Coral Glow）	共優性遺伝	2002年	NERD
シナモン（Cinnamon）	共優性遺伝	2002年	Graziani Reptiles
エンチ（Enchi）	共優性遺伝	2002年	Sweball
レース（Lace）	共優性遺伝	2002年	CV Exotics
セーブル（Sable）	共優性遺伝	2002年	Eric Burkett
バナナ（Banana）	共優性遺伝	2003年	Will Slough

第2期　2000年〜2009年			
デザートゴースト（Desert Ghost）	劣性遺伝	2003年	Reptile Industries
ファイア（Fire）	共優性遺伝	2003年	Eric Davis
ゴブリン（Goblin）	共優性遺伝	2003年	Ralph Davis
グラナイト（Granite）	共優性遺伝	2003年	Ralph Davis
ブラックレース（Black Lace）	劣性遺伝	2004年	Dan Wolf
ディスコ（Disco）	共優性遺伝	2004年	Ted Tompson
オレンジドリーム（Orange Dream）	共優性遺伝	2004年	Ozzy Boids
シャンパン（Champagne）	共優性遺伝	2005年	EB Noah
マホガニー（Mahogany）	共優性遺伝	2005年	Amir Soleymani
ミスティック（Mystic）	共優性遺伝	2005年	Anthony McCain
ファントム（Phantom）	共優性遺伝	2005年	Ralph Davis
スポットノーズ（Spotnose）	共優性遺伝	2005年	VPI
ヒドゥンジーンウォマ （Hidden Gene Woma）	共優性遺伝	2006年	NERD
トリック（Trick）	優性遺伝	2006年	Gary Liesen
GHI	共優性遺伝	2007年	NERD
ジェネティックタイガー （Genetic Tiger）	共優性遺伝	2007年	M&Sreptilien
ブラックアザンティック （Black Axanthic）	劣性遺伝	2008年	VPI
タフィー（Toffee）	劣性遺伝	2009年	Paul Angelides

アイボリー

レッサー

　2000年から10年間のこの期間ですさまじい速度でカラー&パターンのさまざまなモルフが出てきました。劣性遺伝よりも圧倒的に共優性遺伝が多く、他のモルフに掛け合わせる以外にもそのスーパー体に注目が集まりました。何の変哲もない地味な個体がスーパー体になると大きく化けるのが驚きですが、おそらく最初にハッチリングを目にしたであろうブリーダーの興奮度は、さぞかしすごかったのではないかと想像できます。イエローベリーのスーパー体であるアイボリーをはじめ、ファイアのスーパー体であるブラックアイリューシスティックやレッサー、モハベ・ルッソなどのブルーアイリューシスティックのグループなどが出現し、爬虫類を飼育したこともない人たちまでも巻き込み、ボールパイソンバブルの時代が始まったのがこの時期です。また、モルフが検証されてから、かなりの時が過ぎてからのバナナのブームは記憶に新しいものがあります。

モハベ

ブルーアイリューシスティック（スーパーモハベ）

バナナ

第3期　2010年〜2017年

センチネル（Sentinel）	劣性遺伝	2010年	Ben Siegal
ボンゴ（Bongo）	共優性遺伝	2012年	EB Noah
バンブー（Bamboo）	共優性遺伝	2013年	EB Noah
サイプレス（Cypress）	共優性遺伝	2012年	Out back reptiles

　第1期と第2期に比べると、記載してあるモルフが減っているのですが、逆におそろしい数のニューモルフが出現しているというのが実際のところです。買い物をするのにも数が多すぎると何を購入していいかわからなくなるのと同じで、自然と淘汰される時期に入っているのかもしれません。上の表にあるのは、ごくごく一部のモルフです。また、証明された年が不明なものを省いてあります。

さまざまなモルフが流通するようになった現在も、続々と新しいモルフが作出されています

色彩(カラー)・柄(パターン)に関する用語

≫**パターンミューテーション**……模様が遺伝するミューテーション。有名なところでは、スパイダー・ピンストライプ・レオパード・スポットノーズ・クラウン・ジェネティックストライプなど。

≫**カラーミューテーション**……色彩が遺伝するミューテーション。

≫**メラニスティック(Melanistic)**……黒色色素(メラニン)が多いこと。

≫**アメラニスティック(Amelanistic)**……「ア」というのは否定語で、これが頭に付くことでそれに続く言葉を否定します。ア+メラニスティックという言葉はメラニスティックではないという意味で黒色素(メラニン)が欠如しているという意味。「アメラニ」と略されて使われることが多いです。

≫**アルビノ(Albino)**……アメラニスティックと同じく黒色素(メラニン欠如)を指します。本来、アルビノという言葉は色彩変異全般を指す言葉なのですが、最初に認識された色彩変異というのがアメラニスティック表現であったことから、色彩変異という意味でアルビノという言葉が定着してしまいました。言葉の意味とは別にアルビノ=アメラニスティックと考えます。

≫**ザンティック(Xanthic)**……黄色色素が強いこと。

≫**アザンティック(Axanthic)**……黄色色素欠如。「ア」というのは否定語でこれが頭に付くことでそれに続く言葉を否定します。ア+ザンティックという言葉はザンティックではないという意味で、黄色素が欠如しているという意味です。

≫**エリスリスティック(Erythristic)**……赤色色素が多いということ。グリーンイグアナのエリスリスティックがよく知られています。

≫**アネリスリスティック(Anerythristic)**

……赤色色素欠如。通常「アネリー」「アネリ」と呼ばれ、表記されることが多いのですが、赤色色素が欠如していること。

≫ハイポメラニスティック (Hypomelanistic)

……メラニン色素が少ないこと。ハイポという意味は少ないとか低いという意味らしいのですが、ハイポのメラニスティックとなるとメラニン減少個体ということになります。

≫チロシナーゼ＋アルビノ (T^+アルビノ／Tyrosinase Positive)

……メラニンを作ることのできるチロシナーゼという酵素を持ったアルビノをT^+アルビノと言います。ボールパイソンでいえば、キャラメルアルビノとか、ラベンダーアルビノはT^+アルビノと言えます。目は暗めの赤で葡萄色をしています。

≫チロシナーゼーアルビノ (T^-アルビノ／Tyrosinase Negative)

……メラニンを作る酵素チロシナーゼを持っていないアルビノです。メラニンがないので、目は赤く、黒色素のない部分は白くなります。ボールパイソンで一般的にアルビノと呼ばれる白と黄色の体色で赤目のアルビノはT^-アルビノです。一般において、最初に発見されるアルビノミューテーションがT^-アルビノであるため、T^-と付けることなく、ただのアルビノと呼ばれるのが普通です。が、ブラッドパイソンなどのように最初に現れたアルビノがT^+アルビノである場合、市場に数が出回っていないT^-アルビノを呼ぶ場合にはわざわざT^-と最初に付けて呼ぶことがあります。

≫リューシスティック (Leucistic)

……体が白くなるのでアルビノと似た遺伝のようですが、黒色色素がないのではなく、白色色素が多いため体色が白くなる遺伝です。黒色色素があるので、目は赤目ではありません。

劣性遺伝のモルフ／Recessive Morph

アルビノ／アメラニスティック

Chapter 6 ボールパイソン図鑑

Albino／Amelanistic／／／劣性遺伝／／／Bob Clark／／／1992年

同じアルビノでも模様や色調に個性を見出せます

　1989年にアルビノはアフリカで発見されて輸入され、1992年にBob Clarkが遺伝を証明しました。アルビノという表現は、科学的に実際は全ての色の色素がないという意味があります。正確にはアメラニスティックといって、黒色色素がない表現を指しているのがアルビノというミューテーションです。ですが、ボールパイソンに限らず黒色色素のない生体はアルビノと呼ばれることが多いため、呼称としているのが通常となっています。

　白い体色に黄色の柄で、目は赤いというのが典型的なアルビノです。一般的にアルビノと呼ばれているボールパイソンはT−ア

ボールパイソン 073

ルビノといってメラニンを形成するチロシナーゼがないため、クリアな白と黄色の体色をしています。黄色みが強く、白い体色とのコントラストがはっきりしているハイコントラストアルビノや、淡い黄色のフェイデドなど黄色の色みによって個性があります。

なお、スノーはアルビノとアザンティックによる2重劣性遺伝コンボモルフ。リューシスティックが現れる前、他の爬虫類の遺伝になぞってアルビノとアザンティックを掛け合わせると白いボールパイソンが生まれると、こぞって期待されていました。劣性遺伝同士なので、たいへんな時間と労力を費やして作出されたものの、やはり色を全部消し去って真っ白というわけにはいかず、淡い黄色いブロッチが目視できる結果となりました。真っ白な個体を期待した愛好家も多く、その後、すぐにリューシスティックが共優性遺伝から簡単にできたこともあり、あまり目にすることもなくなりました。

しかし、まだこれから先のポテンシャルがなくなったわけではなく、数少ない劣性遺伝コンボモルフとして大事にされていくことでしょう。

ハイコントラストアルビノ

ハイコントラストアルビノ

ハイコントラストアルビノ

ハイコントラストアルビノ

Albino Amelanistic
アルビノ アメラニスティック

特にメリハリの利いたハイコントラストアルビノ

アルビノブラックパステル

アルビノブラックパステル

アルビノスパイダー

アルビノエンチ

PERFECT PET OWNER'S GUIDES　　　ボールパイソン　075

アルビノピンストライプ

アルビノピンストライプ

Albino Amelanistic
アルビノ アメラニスティック

TSK スノー

スノーの幼体

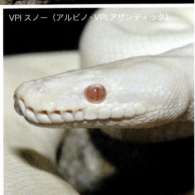
VPI スノー（アルビノ・VPI アザンティック）

VPI スノー（アルビノ・VPI アザンティック）

VPI スノー（アルビノ・VPI アザンティック）

劣性遺伝のモルフ／Recessive Morph

アザンティック

Axanthic ／／／ 劣性遺伝 ／／／ VPI ライン ／ 1997 年 ／ Jolliff ライン ／ 1997 年 ／ TSK（The Snake Keeper）ライン／1999 年

Chapter 6
ボールパイソン
図鑑

VPI アザンティック

　アザンティックは黄色色素が欠如したミューテーションです。いくつかのラインがありますが、遺伝的な互換性はありません。
　VPI の David Barker と Tracy が1991年にアザンティックを入手して、その個体からヘテロを採り、1997年にアザンティックの劣性遺伝を証明しました。Jolliff ラインのアザンティックは Michael Jolliff が1997年に証明しました。TSK は1996年にアフリカからアザンティックを入手し、1999年に遺伝を証明しました。

　黄色色素が欠如したミューテーションなので、ノーマルで見られる濃い茶の部分は黒っぽく、また、淡い茶の部分はグレーに見えるのですが、その表現には個体差があります。幼体の時は黒とグレーのコントラストがクリアでインパクトがありますが、成長につれてグレーの部分がぼんやりとした薄茶色に変化していきます。

VPI アザンティックスパイダー

アザンティックスパイダー

VPI アザンティックブラックパステル

VPI アザンティックスパイダー

VPI アザンティックストライプ

PERFECT PET OWNER'S GUIDES　　　　　　　　　　　　　　ボールパイソン　079

VPI アザンティックスピナー（VPI アザンティック・スパイダー・ピンストライプ）

TSK アザンティックバンブルビー（TSK アザンティック・パステル・スパイダー）

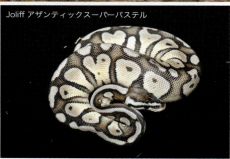

Joliff アザンティックスーパーパステル

劣性遺伝のモルフ／Recessive Morph

ブラックアザンティック

Black Axanthic ／／／ 劣性遺伝 ／／／ VPI ／ 2008年

　ブラックアザンティックは、2008年にVPIのTracy Barkerによって劣性遺伝が証明されました。劣性遺伝するモルフの中では比較的新しいモルフです。

　他のアザンティックラインのように大きく成長するとグレーの部分がブラウンアウトしてクリアさがなくなってしまうのに対して、ブラックアザンティックはブラウンアウトすることなく成長するという点があります。他のモルフと掛け合わせても、他のアザンティックとは見ためも異なるコンボモルフが生まれてきます。他のアザンティックラインと色彩の点で比較しましたが、遺伝的には何の関連もありません。ただし、劣性のモルフなので、コンボモルフが出てくるのにも時間がある程度かかるということもあり、これからおそらく綺麗なコンボモルフがどんどん出てくると思われます。

劣性遺伝のモルフ / Recessive Morph

キャラメルアルビノ

Caramel Albino /// 劣性遺伝 /// NERD / 1996年

Chapter 6
ボールパイソン図鑑

　通常、アルビノと呼ばれているのがT⁻であるのに対して、キャラメルアルビノはTポジティブもしくは⁺と呼ばれる、文字どおりキャラメル色のアルビノです。紫がかったブラウンの地色に暖かみのある黄色い柄が入ります。特に幼体の頃はオレンジとパープルといったような不思議な色彩が印象的です。まだ、モルフが少なかった時代の劣性遺伝の人気モルフでしたが、当初はさまざまなラインが入り乱れていました。NERDが所有していたキャラメルアルビノと、MarcBell（Reptile Industries）が

PERFECT PET OWNER'S GUIDES　　ボールパイソン　081

所有していたキャラメルアルビノは互いに似通った色合いで、互いに互換性があると考えられていましたが、遺伝的には互換性がないことが検証されました。後に、ダブルヘテロからさらに検証を進めたところ、NERD、MarcBell、さらに2重劣性の個体の3モルフが現れました。NERDラインはそのままキャラメルアルビノと呼ばれ、Marc Bellラインはウルトラメル、さらにダブルヘテロを掛け合わせることによって出

パステルキャラメルアルビノ

キャラメルモハベ

現したキャラメルアルビノウルトラメルはカマリロ（Camarillo）と呼ばれています。初期の頃のキャラメルアルビノは尾の先がかぎ状に曲がるキンクテールが多かったのですが、さまざまな系統と掛け合わせることで現在は解消されています。キャラメルという遺伝子に奇形の要素があるわけではなく、おそらくオリジナルの個体の骨の異常が遺伝したのではないかという説もあります。

| 劣性遺伝のモルフ／Recessive Morph | Chapter 6 ボールパイソン図鑑 |

クラウン

Clown／劣性遺伝／VPI／1999年

レデュースクラウン

　ガーナから輸入されたオスの個体がオリジナルのクラウンです。このオリジナルを元に、VPIのTracyとDavidが劣性遺伝であることを証明しました。

　独特のパターンを持つモルフで、究極のブラックバック表現ですが、両脇のブロッチさえも消滅して、スポット状の模様が入ります。体の模様のみならず頭部のパターンも他のモルフとは一線を画します。頭頂部にも模様が入り、さらに目の下には黒い雫のような模様が入ります。クラウンという名称ですが、この黒い雫の模様が、ピエロの顔にほどこされた目の下の黒い涙状の模様に似ているということからVPIが命名したという由来があります。

パステルクラウン

パステルクラウンの成体

パステルレオパードクラウン

日本語でクラウンというと王冠を想像してしまうのですが、ピエロの意味です。カラー＆パターンモルフ共に掛け合わせた際、個性的で美しい個体が出現することから、劣性遺伝の中でもトップに君臨するといってもよいモルフで、たくさんの綺麗なコンボモルフが作り出されています。

レデュースクラウンといって背中の柄が細いストライプ状になり、側面の柄がほぼ消失しているタイプのクラウンが以前から見られていましたが、ジェネティックのバンデッドタイプと掛け合わせるとこれが出現すると言われていました。最近では共優性遺伝であるブレードというモルフと掛け合わせて、このようなレデュースタイプのクラウンが作出されています。

Clown
クラウン

パズルクラウン

レデュースクラウン

レデュースクラウン（成体）

レオパードクラウン

劣性遺伝のモルフ／Recessive Morph

デザートゴースト

Desert Ghost /// 劣性遺伝 /// Reptile Industries ／ 2003年

Chapter 6
ボールパイソン
図鑑

レッサーデザートゴースト

　デザートという優性遺伝のモルフがいますが、デザートゴーストは関連のない劣性遺伝のモルフです。また、ゴーストとも互換性がありませんが、ハイポ系の劣性遺伝ではあります。奇遇なことに、2003年にReptile Industriesがデザートゴーストが劣性遺伝であることを証明し、また、同じ年にNERDがデザートが優性遺伝であることを証明しました。透明感のあるクリーム色の色合いを持つモルフで、数多くのモルフと掛け合わされ、マットな質感のあるクリーム色が特色の美しいコンボモルフを輩出しています。

劣性遺伝のモルフ / Recessive Morph

ジェネティックストライプ

Genetic Stripe /// 劣性遺伝 /// VPI / 1999年

Chapter 6
ボールパイソン図鑑

　1980年代の終わり頃に、アフリカから輸入されたストライプのオス個体がオリジナルで、VPIが劣性遺伝であることを証明しました。

　基本的に淡い色の太いストライプが首から尾にかけて入り、側面の大きなブロッチやエイリアン模様は消失しています。全てがフルストライプであるのではなく、ところどころ途切れたパーシャルストライプが入るものが大半なので、フルストライプのほうが価値あるように見られますが、はげしく途切れた個体や側面にバンド模様が入る

ような個体もパターンモルフとしてはおもしろいように思います。これより後に優性遺伝のストライプが現れたのですが、そちらのほうが規則的なパターンを持ち、見ためのインパクトもあって人気がそちらに流れた感もありますが、劣性のジェネティクストライプには優性遺伝のストライプにはない、パターンの不規則さや落ち着いた色合いがあります。数少ない劣性遺伝のパターンモルフの草分け的な存在で、劣性優性とわず、たくさんのコンボモルフが出ています。

Genetic Stripe
ジェネティックストライプ

パステルジェネティックストライプ

パステルジェネティックストライプ

パステルジェネティックストライプ

ボールパイソン

劣性遺伝のモルフ／Recessive Morph

ゴースト／ハイポ

Ghost／Hypo／／／劣性遺伝／／／NERD／／1994年

Chapter 6
ボールパイソン
図鑑

　メラニンが減少しているため、全体的に薄ぼんやりとした色合いのモルフです。メラニンが少ない表現は遺伝的にハイポと呼ばれ、ボールパイソンのゴーストは実質、遺伝的にはハイポメラニスティック表現です。通常、ゴーストと呼ばれるものは、他のヘビにおいて、ハイポメラニスティックにアザンティック（もしくはアネリスリスティック）を掛け合わせた表現

PERFECT PET OWNER'S GUIDES　　　　　　　　　ボールパイソン

オレンジみの強いゴースト

黄色みの強いゴースト

を指します。このあたりが混乱するところですが、日本では呼称としてゴーストという呼び名が定着しているので、ゴーストはハイポだと覚えておけばいいくらいの程度です。ただ、USAなどではほとんどがHypoという記載なので、日本で販売される場合もハイポと記載して販売されることも多々あります。ボールパイソンモルフ黎明期のたいへんな人気品

Ghost Hypo
ゴースト ハイポ

ピンストライプゴースト

バターゴースト

エンチゴースト

種で、アルビノよりも人気が高かった時期もあったのですが、人気に乗じてブリーダーがたくさん繁殖をしたため、数年で価格が大幅に下がったモルフでもあります。レッサーやバニラ・ファイアなどが市場に出回るまでは、ハイポ表現の唯一の役割を担っていました。パターン&カラーモルフ共に綺麗なコンボモルフが作出できます。

劣性遺伝のモルフ / Recessive Morph

ラベンダーアルビノ

Lavender Albino /// 劣性遺伝 /// Ralph Davis / 2001年

Chapter 6
ボールパイソン
図鑑

ラベンダーアルビノは、アルビノと同じくチロシナーゼネガティブアルビノですが、互換性はないので、掛け合わせてもアルビノは生まれてきません（Wヘテロとなります）。生まれた時は鮮やかなオレンジとクリアな白い体色なので、一見しただけではアルビノのハイコントラストと似ていて区別がつきません。おそらく初期にアフリカからアルビノとして輸入さ

ボールパイソン

Lavender Albino
ラベンダーアルビノ

ラベンダーアルビノ

ラベンダーアルビノピンストライプ

れてきたベビーのアルビノの中にもラベンダーアルビノが混じっていたと思われます。ベビー時でのアルビノとラベンダーアルビノの判別は難しいのですが、わずかに目の色が異なり、ラベンダーのほうが暗い赤色の目をしています。成長するにつれ白い地色が淡い紫色へと変化していきます。たくさんのモルフと掛け合わされていますが、特にパイボールとの2重劣性で生まれるドリームシクルは息を飲む美しさです。

劣性遺伝のモルフ / Recessive Morph

パターンレス

Patternless /// 劣性遺伝 /// VPI / 2002年

Chapter 6
ボールパイソン図鑑

　1990年代の半ばころVPIがアフリカから入手したノーマルに見える両親から生まれたのですが、不幸にもオスが死んでしまい、その子供たち（66％ヘテロ）を用いて、再度2匹のパターンレスを得たところで、劣性遺伝であることがわかりました。その後、Ralph Davisもアフリカからパターンレス個体を入手しました。劣性遺伝ということもあり、ほとんど見かけることはありません。

劣性遺伝のモルフ / Recessive Morph

パイボール

Piebald /// 劣性遺伝 /// Peter Kahl / 1997年

Chapter 6
ボールパイソン図鑑

とても自然界に生息するとは思えない、奇妙で人工的なモルフがパイボールです。人の手が加えられていないシングルモルフですが、不思議なことにアフリカではある程度の数が生息しているということです。ブリーダーのPeter Kaulはペアを高額で手に入れ、繁殖に成功し、劣性遺伝であることを証明しています。見ためのインパクトから、これからもボールパイソンの最高峰の一つであると思われます。カラー＆パターンモルフ共に交配の結果、生まれてくる個体が綺麗かつ個性的であることから、劣性遺伝であるにも

かかわらず、多くのコンボモルフが作出されています。

　ホワイトウエディング、もしくはホワイトウエディングパイボールと呼ばれるモルフは、ブラックアイリューシスティックとよく似ていますが、遺伝的な背景はブラックアイリューシスティックコンプレックスにもブルーアイリューシコンプレックスにも属さない、独立した白いボールパイソンであるということが特徴です。スパイダーパイボール（スパイド）の柄が消滅した個体で、オールホワイトブラックアイのパイボール。最初に作出したのは Roussis Reptiles。オリジナルの親は、オスのスパイダーヘテロパイボールと、メスのヘテロパイボールで、遺伝的にはスパイドですが、スパイドの中でアトランダムに柄が消滅したものがホワイトウェディングパイボールという名で呼ばれています。パイボールの地色はペンキで塗ったかのようなマットな白ですが、その白が全身を覆うため完璧な白ヘビ感があります。

アザンティックパイボール GCR ライン

レオパードパイボール

パステルパイボール

Piebald
バイボール

ローホワイトパイボール

ストライプ系のローホワイトパイボール

ハイホワイトアルビノパイ

ホワイトウエディング

劣性遺伝のモルフ / Recessive Morph

タフィー

Chapter 6
ボールパイソン図鑑

Toffee /// 劣性遺伝 /// Paul Angelides / 2009年

タフィー

タフィー

タフィーノ（タフィー・アルビノ）

タフィーノ

タフィーノ

パステルタフィーノ（パステル・タフィー・アルビノ）

キャンディーノ（キャンディ・アルビノ）

Toffee
タフィー

スパイダーキャンディーノ（スパイダー・キャンディ・アルビノ）

タフィーは外見上、ラベンダーアルビノを少し色濃くした感じのモルフです。同系統にキャンディ・パラゴンがいますが、出自がそれぞれ異なるので、遺伝的にはっきりさせるためにそれぞれ別のモルフとされてきました。タフィーは2000年代の半ばにアフリカからUSAに輸入されたのですが、この後カナダに渡り、ヘテロが生まれました。その後、イギリスのブリーダーであるPaul Angelidesによってホモのタフィーが生まれ、劣性遺伝であることが証明されました。

さらにアルビノと掛け合わせたところ、両モルフとも劣性遺伝であるにもかかわらず、最初のF1からアルビノらしき個体が生まれ、複対立遺伝をすることがわかり、タフィーノと呼ばれています。また、同系統と見られるキャンディもアルビノと掛け合わせたところ、キャンディーノと呼ばれるアルビノが生まれています。パラゴンに関してはアルビノとの複対立遺伝はみられず、別系統と思われます。

劣性遺伝のモルフ / Recessive Morph

トライストライプ

Chapter 6
ボールパイソン図鑑

Tristripe /// 劣性遺伝 /// TSK / 2008年

2001年、アフリカのファームで最初のトライストライプが生まれました。その後、USAのTSK（ザ・スネーク・キーパー）の手に渡り、2008年に劣性遺伝であることが証明されたモルフです。背中に太いストライプが1本、その両脇にそれぞれ1本ずつの計3本のストライプが入るというド派手なパターンモルフのため、最初に見た時は優性もしくは共優性遺伝のモルフかなと思ったのですが、劣性遺伝であることを聞いた時は少し意外に思ったのを覚えています。さらにTSKはアルビノと掛け合わせた2重劣性であるアルビノトライストライプも作出しています。

劣性遺伝のモルフ／Recessive Morph

ウルトラメル

Chapter 6
ボールパイソン図鑑

Ultramel　／／／　劣性遺伝　／／／　E. B. Noah　／／／　2000年頃

　ウルトラメルは綺麗なキャラメルアルビノといった感じで、初期の頃は混同されていました。

　キャラメルアルビノと呼ばれる個体を所有していたのがNERDで、別のルートから入手したキャラメルアルビノと思われる個体を所有していたのがReptile Industriesなのですが、その個体同士を掛け合わせたところ、ノーマル表現の個体が生まれたため、別の遺伝子を持つモルフであることが判明しました。NERDのラインはキャラメルアルビノ、Reptile Industriesのラインはウルトラメルと呼ばれ、互換性はありません。ただ、キャラメルアルビノとウルトラメ

ウルトラメルコーラルグロージグソー

ルの交配で作出された２重劣性ホモ個体はCamarillo（カマリロ）と呼ばれます。なお、キャラメルアルビノの初期の頃に見られた尾や背中の骨の異常は、ウルトラメルには見られません。現在流通するキャラメルアルビノにもそのような骨の異常は見られなくなりました。

ウルトラメルの特徴の1つとしては、一般的に丈夫で餌をよく食べ、アダルト時にかなり大きなサイズに成長するということが挙げられます。実際、大きな個体が多いと思います。色合いはキャラメルよりも少し濃い目の紫色を発色するのが特徴です。

共優性遺伝のモルフ／Codominant Morph

アスファルト

Asphalt ／／／ 共優性遺伝 ／／／ Todd Constable ／ 2009年

Chapter 6
ボールパイソン
図鑑

フリーウェイ（アスファルト・イエローベリー）

イエローベリーと交配することによって、フリーウェイというストライプモルフが出たことから注目を浴びたモルフです。ハイウェイと似てはいますが、ストライプを黒い縁取りが囲んでいます。さらに、他のモルフの影響を受けにくいと言われるシャンパンと掛け合わせた個体を見ても、シャンパンの背中の部分に黒く縁どられたストライプ状のブロッチが入るのを見ても、他のモルフにかなり強く影響を及ぼすと思われます。

スーパー体のスーパーアスファルトは、黒と黄色のコントラストが強く、さらにイエローベリーの腹の部分の柄の乱れが体全体に入っているような、かなり個性的な表現をしたモルフです。

レオパードフリーウェイ

| 共優性遺伝のモルフ / Codominant Morph | Chapter 6 ボールパイソン図鑑 |

バンブー

Bamboo ／ 共優性遺伝 ／ EB Noah ／ 2013年

ガーゴイルバンブー

PERFECT PET OWNER'S GUIDES　　ボールパイソン　109

カラー＆パターンのミューテーションで、バンブー単体は水墨画のような色抜けをしていて、背中にパターンがストライプ状に集中する特徴を持っています。ブルーアイリューシスティックのグループの中に属する新しいモルフです。スーパーレッサー・バター・ミスティック・ルッソ・ファントムと交配すると、ブルーアイリューシスティックが出現します。また、バンブー自体が淡い色合いをしていることから、他のモルフと交配すると淡い色彩に変化する特徴があり、奇妙な効果が現れます。また、背中に模様を集中させるパターンモルフでもあることから、スパイダーやクラウンなどと掛け合わせると、極端なリデュースパターンでかつ白っぽい個体が作出できます。2010年以降、覚えきれないくらいのたくさんの新しいミューテーションが出てきては消えていくという中で、バンブーはしっかりと残るポテンシャルを持っており、これからもコンボモルフを多く目にすることになりそうです。

バンブーゴースト

バンブークラウン

Bamboo
バンブー

ブルーアイリューシスティック

ブルーアイリューシスティック

バンデッド／タイガー

共優性遺伝のモルフ／Codominant Morph

Banded／Tiger／／／共優性遺伝／優性遺伝

Chapter 6 ボールパイソン図鑑

　バンデッドには知られているラインの他に、潜在しているものも含めてかなりの数のラインがあると思われます。現在、共優性遺伝と言われるタイガーはスーパー体として、スーパータイガーという極端なレデュースパターンが現れることでよく知られています。他には優性遺伝の系統が2ライン以上あります。さらに、劣性遺伝する

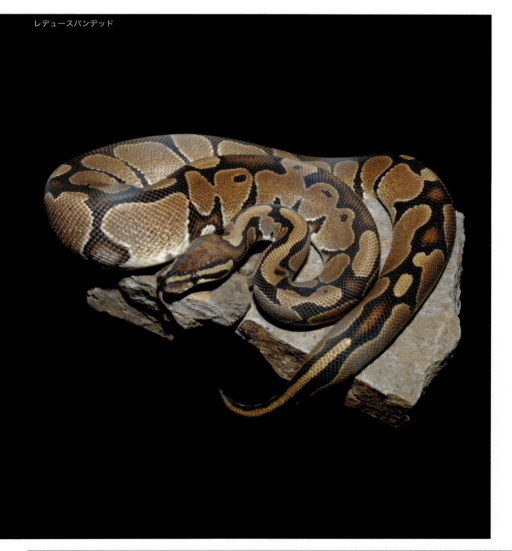

レデュースバンデッド

スーパータイガーパステルゴースト

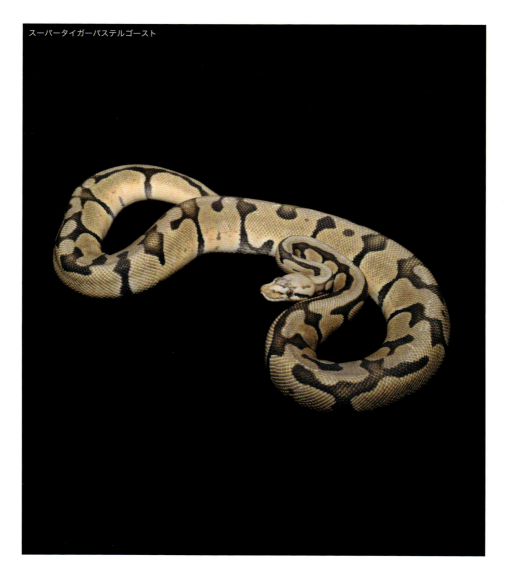

とされているCorey woodsのバンデッドラインもあります。バンデッドという呼び名ですが、レデュースとも関連性が高く、これらのバンデッドを他のパターンモルフに掛け合わせた場合に、柄が大きく変化することが特徴で、クラウンやエンチ・スパイダーと交配した際に、極端な柄の変化が見られます。特にクラウンの場合、背中にラインが集中するレデュースドクラウンを作る際にこれらのバンデッドが使用されてきました。最近ではブレイドというレデュースモルフがありますが、バンデッドの範疇に入ると思われます。

共優性遺伝のモルフ / Codominant Morph
ブレイド

Chapter 6 ボールパイソン図鑑

Blade ／／／ 共優性遺伝 ／／／ Markus Jayne Ball ／ 2002年

　共優性遺伝のパターンモルフで、レデュースバンデッドが特徴です。クラウンとの配合で、極端なレデュースパターンとなるレデュースクラウンが出てくることで知られるようになりました。スーパー体のスーパーブレイドは極端なリデュースパターンとなります。スーパータイガーやスーパーバンデッドと同系統のスーパー体と思われます。クラウンやスパイダー・オレンジドリーム・レオパードといった柄のミューテーションとの配合でポテンシャルを発揮しそうです。

ブレイドクラウン

パステルレオパードブレイド

共優性遺伝のモルフ / Codominant Morph

バナナ

Banana /// 共優性遺伝 /// Will Slough / 2003年

Chapter 6
ボールパイソン
図鑑

　2010年にスーパー体が出るまでは、優性遺伝と言われていましたが、共優性遺伝であることがわかったバナナです。ラベンダーアルビノやウルトラメルなど劣性遺伝に多い綺麗なカラーパターンで、さらに透明感を上乗せした感のある極美モルフです。出てきた時にはかなりセンセーショナルなブームとなりました。さらに、他のモルフとの相性も良く、綺麗なコンボモルフが数多く作出されています。当初はかなり

高額で手の届かないボールでしたが、それから数年もしないうちに大暴落したというモルフで、高額なうちに身を削る思いで入手した経験のあるマニアの人たちにとっては、愛憎こもるモルフでもあります。これは、綺麗で人気があり、さらに共優性遺伝で殖えやすいというモルフの宿命かもしれません。

バナナレオパードクラウン

Banana
ハナナ

バナナエンチシナモン

ボールパイソン 117

バナナシナモン

バナナスパイダー

バナナイエローベリー

Banana
バナナ

パステルバナナ

パステルエンチバナナ

スーパーバナナ

スーパーブラックパステルバナナ

共優性遺伝のモルフ／Codominant Morph

ブラックヘッド

Chapter 6
ボールパイソン図鑑

Black Head ／／／ 共優性遺伝 ／／／ Ralph Davis ／ 2002年

ブラックヘッドゴースト

ブラックヘッドヘットレッドアザンティック

ブラックヘッドシナモン

ブラックヘッドシナモンモハベ

　Ralph Davis が1999年にアフリカから入手し、2002年に共優性遺伝であることを証明しました。

　くっきりとした黒い頭と黒いバンドが印象的な個体で、腹は真っ白で体には細いストライプが入っています。ダーク系のカラー＆パターンモルフで、スーパー体となるより特徴が出ることから、他のモルフと多く掛け合わされ、綺麗で個性的なコンボモルフが出てきます。

共優性遺伝のモルフ / Codominant Morph

ブラックパステル

Black Pastel /// 共優性遺伝 /// Gulf Coast Reptiles / 2002年

Chapter 6
ボールパイソン図鑑

共優性遺伝のダーク系のモルフで、アフリカから入荷したワイルドの中からのセレクト個体がオリジナルです。当時、ノーマルに見慣れた目からするとダークモルフは新鮮で、当初から人気がありましたが、パステルとの配合でブラックパステルピューター、さらにスーパーパステルとの配合でシルバーストリークなど、無機質なシル

Black Pastel
ブラックパステル

バー系のコンボモルフが作出できるのが特徴です。スーパー体はスーパーブラックパステルで、ノーパターンの真っ黒な個体となります。シナモンパステルとは互換性があり、スーパー体はエイトボールと呼ばれ、同じく真っ黒な個体が生まれてきます。頭の部分も漆黒で、口の部分が白くなっているのが可愛らしいコンボモルフです。

ブラックパステルの典型的な個体は、黒地にオレンジ寄りの模様が入り、側面のブロッチ模様が連続して連なっているという特徴を持っています。対して、互換性のあるシナモンパステルは濃い茶色の地色に白っぽい模様が入る個体が多く、側面のブロッチは連なることなく独立して入っているというのが特徴です。パステルとの配合で無機質なシルバー感が出るのはブラックパステルのほうで、シルバーを好む人には人気が高いです。シナモンはどちらかというとコンボモルフにした場合、やわらかな

ブラックパステルイエローベリー

ブラックパステルイエローベリー

ブラックパステル（リーゼンライン）

ブラックパステルピューターモハベ

アルビノブラックパステル

茶色が出るモルフなので、その特徴を活かすような配合が好まれます。ですが、最近ではどちらのモルフに関しても、典型的な個体は少なくなっている傾向があります。

ブラックパステルの特徴を独自に維持しようとしている系統にLiesen Line（リーゼンライン）やVPIのサテンラインなどがあります。

Black Pastel
ブラックパステル

ブラックパステルピューター

ブラックパステルピューター

ブラックパステルピューター

ブラックパステルピューターダーク

ブラックパステルピューターエンチスパイダー

ブラックパステルピューターゴースト

ブラックパステルピューターモハベ

シルバーストリーク

Black Pastel
ブラックパステル

ブラックパステル（VPIサテンライン）

スーパーブラックパステル

共優性遺伝のモルフ / Codominant Morph

ブラックレースヘテロ

Chapter 6
ボールパイソン
図鑑

Black Lace Hetero /// 共優性遺伝 /// Dan Wolf / 2004年

　Dan Wolfは2003年に不規則なアベラントのストライプ柄を持つ奇妙なボールパイソンをアフリカから入手し、遺伝を証明しようとパステルのオスと掛け合わせてみました。生まれた子供のうち数匹は母親と同じようなアベラントストライプだったのですが、同腹に色がかなり濃く、もっとはっきりとしたストライプで、側面は圧縮したようなブロッチが並ぶ奇妙な個体が混じっていました。メスのみではこのような個体は出ないので、父親のパステルにもメスと同じような遺伝があったのではないかと確かめようとしましたが、不運にもオスのパステルは死亡していまいます。しかも、生まれた個体はメスのみでした。めげることなく他のモルフのオスを使い（ミスティックのオスと掛け合わせた）、引き続き遺伝を確かめようとしました。幸い、それでオスを得ることができ、F1のメスと掛け合わせたところ、2010年に最初のブラックレースとブラックレースミスティックを得ることができました。

　オリジナルのアベラントストライプ個体の表現がかなりノーマルに近く、一見ミューテーションとはわかりにくいため、当初は劣性遺伝ではないかという意見もありましたが、共優性遺伝であることが証明されています。

　共優性遺伝であるため、スーパー表現がブラックレースということになり、シングルモルフとしてはブラックレースヘテロということになります。ヘテロという言葉は、通常、劣性遺伝に使用するものであるため、かなり混乱や誤解を招きそうですが、同じ例としてヘットレッドアザンティクという共優性遺伝モルフがあり、この場合のスーパー体はレッドアザンティクということになります。

共優性遺伝のモルフ／Codominant Morph

ボンゴ

Bongo／／／共優性遺伝／／／EB Noah／／2012年

Chapter 6
ボールパイソン図鑑

パステルボンゴ

　共優性遺伝のカラー＆パターンモルフです。スーパー体はスーパーストライプによく似たくっきりとしたストライプになりますが、イエローベリーと掛け合わせた場合にはスーパーストライプもしくはハイウェイのような柄が出てきません。ですが、スパークとの配合でもやはりハイウェイによく似た個体が出てくることから、イエロー

バターボンゴ

ボンゴシナモンモハベ

ベリーコンプレックスに属するモルフと思われます。また、コンボモルフになると、ストライプのみならず側面の柄を乱し、グラナイトのような模様になります。

共優性遺伝のモルフ／Codominant Morph

バター／レッサー

Chapter 6
ボールパイソン図鑑

Butter／Lesser　///　共優性遺伝　///　Reptile Industries／Ralph Davis／2001年

ブルーアイリューシスティックとレッサー

レッサー

　バターとレッサーは互換性もあり、同じモルフとも言えなくはないのですが、どちらもアフリカのそれぞれ違う地域から輸入されてきたミューテーションで、異なるブリーダーがそれぞれ同じような表現の個体をほぼ同時期に入手し、それぞれ遺伝をあきらかにする必要があったため、違う名称で呼ばれています。レッサーはRalph Davisが

レッサー

レッサー

レッサー

2001年に、バターは Reptile Industries の Mark Bell が同じく2001年に共優性遺伝をあきらかにしています。レッサーについては1999年にアフリカのトーゴとベナンの間の地域で採れたオスの個体がオリジナルです。Ralph Davis は淡いグリーン系のシルバーのその個体にプラチナボールという名前を付けます。2001年に最初のベビー

がハッチしますが、その中に父親に似た個体が数匹いました。当時、パステルを除けば、ボールパイソンのモルフは劣性遺伝ばかりだったので、とりあえず優性遺伝が証明されたということは画期的なことでした。が、父親に似てはいたものの、父親ほどプラチナ色が強いわけではない個体ばかりだったため、いまひとつ似ていないと思っ

パステルレッサー

パステルレッサーゴースト

パステルレッサーレッドアザンティック

シルバーレッサープラチナム

Butter　Lesser
バター　レッサー

レッサーパンデッド

バター

バター

たRalph Davis は、その子供たちにレッサー（いまひとつ）のプラチナという名前を通称で付けたのが現在「レッサー」と呼ばれる由来です。その子供同士を掛け合わせても、父親のようなプラチナではなくブルーアイリューシスティックが生まれてくることから、レッサープラチナのスーパー体はブルーアイリューシスティックとなります。では、その父親であるプラチナはどうやれば出てくるのかといえば、まずプラチナとレッサープラチナではなく、プラチナと他のモルフを掛け合わせて、まずヘテロダディと呼ばれる個体を採ります。この個体は優性と言われていますが、ノーマルに近い表現です。そのヘテロダディをレッサーもしくはバターと掛け合わせると4分の1でプラチナが生まれ、プラッティーダディーと呼ばれています。

バターは同じ時期にReptile IndustriesのMark Bellのところで生まれました。出自は違い、当初はバターのほうが黄色みが強く、レッサーのほうが淡いと言われていましたが、ずっと個体を見続けているかぎり、そうともいえず、中にはレッサーよりも淡いバターもいれば、バターと呼ばれる個体よりもずっと黄色みの強いレッサーもいるということで、当時から20年近くたった今、何が違うかといえば、出自と名前だけかもしれません。

PERFECT PET OWNER'S GUIDES　　　　ボールパイソン　133

バターイエローベリー

バターサークル

バタービーGHI

パステルバターゴースト

Butter Lesser
バター　レッサー

バターシャンパン

パステルバタージェネティックストライプ

スターリングバター

| 共優性遺伝のモルフ / Codominant Morph | Chapter 6 ボールパイソン図鑑 |

チョコレート

Chocolate /// 共優性遺伝 /// BHB / 1999年

　チョコレートの特徴は、ノーマルよりかなり濃い茶色をしているということで、とりわけ目立つモルフではありません。最初のチョコレートはアフリカからブラックという名でUSAに入ってきました。おそらく、色が黒っぽいからブラックという短絡的な感じで名付けられ、たしかにそれ以外あまりどうということのないモルフに見えます。この個体同士をBHBが掛け合わせたところ、スーパー体が生まれたのですが、これがすばらしく黒っぽいモルフが好きな愛好家の間で急速に人気が高まりました。ほどなくして、当時のBHB十八番のピンストライプとこのスーパー体を掛け合わせて、スーパーチョコレートピンストライプを作ったのですが、このコンボモルフはカモ（Camo）と呼ばれ、予想もしない目を見張るコンボモルフとなり、チョコレートは地味ながらも、数多くの綺麗なモルフの中でも独自な地位を獲得しました。

チョコレートゴースト

スーパーチョコレート

スーパーチョコレート

スーパーチョコレートバターゴースト

共優性遺伝のモルフ／Codominant Morph
シャンパン

Champagne /// 共優性遺伝 /// Eb Noah ／ 2005年

Chapter 6
ボールパイソン図鑑

　シャンパンが出現したのは2005年アフリカにおいてでした。アダルトのオスと小さなベビーのオスで、ベビーはアフリカのガーナにあるファームでハッチしていました。そして、アダルトは同じくガーナで捕獲されたワイルドの個体でした。そして、そのアダルト個体はUSAのブリーダーであるBHBが高額で入手し、ベビーのほうはイタリアへと輸出されました。BHBのアダルト個体は一度も繁殖に成功することなく、2年後には死んでしまいましたが、ワイルド個体でもあり、年齢もたしかではなかったので不幸としかいえませんが、イギリスやその他ヨーロッパではそれから3〜4年後、市場に出始めました。ボールパイソン特有のブロッチやエイリアン模様、また、茶色の濃淡のパターンなどはいっさい見られません。目はエクリプスで真っ黒に見えます。しかも頭頂部は丹頂のように薄ぼんやりとした丸い模様があるため、とて

も可愛く愛嬌のある容姿をしています。シングルモルフとはとうてい思えないほど強烈な個性を持った、それ自体完成形のようなモルフです。ただ、あらゆるモルフと掛け合わされてきましたが、シャンパンの個性を強く受け継ぐ印象のコンボモルフが出現しています。

ミモザは、シャンパンとゴーストとの掛け合わせによるコンボモルフ。シャンパンがまだ新しいモルフだった頃、最初に著名になったコンボモルフで、シャンパンの若干暗めの黄土色の体色がゴーストを加えるこ

シャンパンパステル

シャンパンパステル

シャパンファイア

パステルエンチシャンパン

とによって明るくなり、オレンジと黄色のグラデーションが現れます。また、体の部分の不思議な模様が浮き出てきて、見る角度によってはグリーンがかったように見えることもあります。真っ黒に見える目と愛らしい色合いの印象から、ミモザというネーミングは私の中で秀逸なものの1つです。このコンボモルフについては、最初に発表された個体が美しく、また、写真も良かったため、一気にミモザの人気は高まりました。

Champagne
シャンパン

スーパーパステルシャンパン

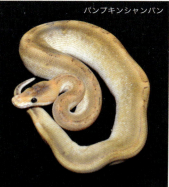
パンプキンシャンパン

シャンピンモハベコーラルゴースト

PERFECT PET OWNER'S GUIDES　　ボールパイソン　141

ミモザ

ミモザ

ミモザ

Chapter 6 モルフカタログ／共優性遺伝のモルフ Codominant Morph

Champagne
シャンパン

シャンパンはクセの強いモルフということもあり、同じ配合でも体色の濃淡には差があることも確かです。なお、ミモザにパステルを掛け合わせると白っぽい体色に変化しますが、さらにパステルを掛け合わせてスーパーパステルミモザにすると、白っぽい体色に淡いグレーと黄色が入り混じったような不思議な体色になります。

スーパーパステルミモザ

エンチミモザ

| 共優性遺伝のモルフ／Codominant Morph | Chapter 6 ボールパイソン図鑑 |

コーラルグロー

Coral Glow ／／／ 共優性遺伝 ／／／ NERD ／ 2002年

コーラルグローアザンティック

コーラルグローレッサーピンストライプ

コーラルグロークラウン

　表現としてはバナナと同じで、互換性があることから、バターやレッサーの例と同じく、同モルフの別ラインという認識がされています。バナナよりも早い時期にアフリカからワイルドのアダルト個体を入手したNERDが、2002年に優性遺伝であることを証明しました。ホワイトスモークと呼ばれていた時期もあります。後に、バナナ同様に共優性遺伝であることがわかりました。

コーラルグロービー

コーラルグローブラックパステルピンストライプ

コーラルグローエンチ

コーラルグローレッドストライプ

146　Chapter 6　モルフカタログ／共優性遺伝のモルフ　Codominant Morph　PERFECT PET OWNER'S GUIDES

Coral Glow
コーラルグロー

コーラルグローガーゴイル

コーラルグローレッサー

コーラルグローレッサー

コーラルグローパステル

コーラルグローパステル

ボールパイソン

コーラルグロージェネティックストライプ

パステルエンチコーラルグローパイド

Coral Glow
コーラルグロー

キラーコーラルグロークラウン

バターコーラルグロークラウン

コーラルグローバブルガムキャリコエンチイエローベリー

共優性遺伝のモルフ / Codominant Morph

シナモン

Cinnamon /// 共優性遺伝 /// Graziani Reptiles / 2002年

Chapter 6
ボールパイソン
図鑑

シナモンパステル

シナモンウォマ

　1990年代後半にアフリカからワイルドとして輸入されてきた個体の中から出現しました。ダーク系のモルフで、スーパー体は真っ黒な個体となります。ブラックパステルとは互換性があり、交配すると4分の1の確率でエイトボール（ブラックパステルシナモン）が生まれます。シナモンのスーパー体には頭が短く、押し潰されたアヒルのような口元になる個体が出現ことがあります。少しであればちょっと可愛らしいの

シナモンレッサーウォマ

シナモンスポットノーズピンストライプ

スーパーシナモン

スーパーシナモン

Cinnamon
シナモン

エイトボール

スーパーシナモンラベンダーアルビノ

Cinnamon
シナモン

スーパーシナモン（ヘテロパイド）

スターリング（スターリングパステル）

ですが、極端な形になれば奇形に近くなります。その点、ブラックパステルとの交配だと、この点が解消されます。ブラックパステルよりも柔らかい茶色っぽい色彩をしているのが特徴です。

　スターリングとスターリングパステルは同じコンボモルフを指します。パステルジャングルをパステルと呼ぶように、スターリングパステルをスターリングと略して呼ぶこともありますが、同一コンボモルフです。スーパーパステルシナモン（パステル・パステル・シナモン）のこと。なお、シナモンと同系統のブラックパステルとスーパーパステルの組み合わせ（パステル・パステル・ブラックパステル）の場合は、シルバーストリークという名で呼ばれます。

共優性遺伝のモルフ / Codominant Morph

サイプレス

Cypress /// 共優性遺伝 /// Outback Reptiles / 2012年

Chapter 6
ボールパイソン
図鑑

サイプレスゴースト

サイプレスモハベ

　サイプレスは背中に太いストライプが入るハイイエローで綺麗なノーマルといった感じですが、スーパー体になると、単体からは想像もできないくらいの、幾何学的にメリハリの効いたストライプ個体が出てきます。側面は白く抜け上がっていて、スーパーストライプをより洗練されたような感じです。

共優性遺伝のモルフ / Codominant Morph

ディスコ

Disco /// 共優性遺伝 /// Ted Tompson /// 2004年

Chapter 6 ボールパイソン図鑑

当初はファイアではないかと思われていたモルフでハイポ系の共優性モルフです。ですが、2009年にスーパーディスコが誕生し、ファイアとは別のモルフであることが証明されました。口の上の両脇に黄色いスポットが入ります。共優性遺伝するハイポ系としては、ファイア・レモンバック・フレーム・バニラなどがありますが、ディスコもその範疇に入ります。

フレーム

パステルフレーム

パステルフレームピンストライプ

共優性遺伝のモルフ／Codominant Morph

エンチ

Enchi／共優性遺伝／Sweball／2002年

　1998年に、スウェーデンのブリーダーがアフリカから入手したレデュースタイプの個体がエンチのオリジナルです。エンチという不思議な名前は、エンチが見つかったと思われるガーナの町の名前が由来してい180ます。オスとメスを入手したらしく、2002年には優性遺伝であることを証明し、翌年には早くもスーパー体が生まれ、共優性遺伝であることを証明しました。当初はエンチパステルと呼ばれていましたが、コンボ

エンチゴースト

エンチレッサー

エンチシャンパン

エンチレモンブラスト（エンチ・パステル・ピンストライプ）

モルフが増えてくるにつれ、紛らわしいこともあり、自然にエンチという呼称が定着しました。
　体色は昔、ハイイエローとか呼ばれていたノーマル個体に近い強い黄色で、成体になるにつれ黄土色になっていきます。柄タイプはレデュースとバンドを足したような柄で、エンチ自体はそう派手なモルフではないため、当初はそう人気のあるモルフではありませんでした。ですが、スーパーエンチはひと目見て、色柄共にただものではない感があり、それに続いて他のコンボ

160　Chapter 6　モルフカタログ／共優性遺伝のモルフ Codominant Morph　PERFECT PET OWNER'S GUIDES

Enchi
エンチ

エンチ GHI

エンチレモンブラスト

パステルエンチアルビノ

モルフが出てくるにつれ、どんどん評価は上がっていきます。パターンコンボの影響について言えば、優性・共優性遺伝のモルフの中でも唯一無二と言っていいくらいのポテンシャルがあります。また、カラーについてもアルビノエンチで証明されたように、オレンジとイエローとのグラデーションをなす、微妙な濃淡のある不思議なゆらぎに人気が高まりました。これからもコンボモルフを作る際の主流の中にいることは間違いないでしょう。

　マッケンジー（mckenzie）も共優性遺

ハイコントラストエンチアルビノ

スーパーエンチ

スーパーエンチ

伝のモルフで、色抜けをしたレデュースパターンが特徴です。スーパーになるとより色合いが薄くなり、レデュースパターンが顕著になる点でエンチとよく似ているのかもしれません。その特徴を活かして、エンチなどのやはりレデュースパターンのモルフと掛け合わされています。

Enchi
エンチ

スーパーエンチキャリコクィーンビー

マッケンジー

エンチマッケンジー

共優性遺伝のモルフ / Codominant Morph

ファイア

Fire /// 共優性遺伝 /// Eric Davies / 2003年

Chapter 6
ボールパイソン図鑑

　ファイアは共優性遺伝のハイポの一群の中のモルフです。黒色素が減少した体色が特徴ですが、コンボモルフのバニラクリーム（ファイア・バニラ）を見てもわかるように、パターンもかなり変化させます。ファイアとファイアを掛け合わせると、黒い目のブラックアイリューシスティックが4分の1の確率で生まれてくるのですが、最初にこのスーパーファイアが出たのは、2003年イギリスのブリーダーの元でした。

　ファイアを含む別ラインのフレーム・レモンバック・サルファなどとも互換性があり、互いに交配することによってブラックアイリューシスティックが生まれます。この一群のモルフをブラックアイリューシスティックコンプレックスと呼びます。コン

ファイアフライ（パステル・ファイア）。パステルの色合いをクリアにて淡い黄色い体色が映える人気モルフ

チョコレートファイアフライ

ファイアフライレッサー

ファイアフライイエローベリー

プレックスというのは日本語で「まとめ」とか「関連」という意味で、グループという言葉に置き換えてよいかもしれません。それまでも、色の淡い個体はしばしばワイルドの中にも混じって輸入され、そのためここかしこに存在し、複数のブリーダーが維持していました。ですが、このスーパーファイアが出てきてそのポテンシャルを示すまでは、一種のハイポであろうと思われたファイアの存在は曖昧なものでした。

Fire
ファイア

ファイアフライクラウン

サンセットファイアフライ

ファイアピンストライプ

ドラゴンフライ（ピンストライプ・パステル・ファイア）

ブラックファイア

　スーパーファイアは真っ白の地色に黄色い斑点が入るのが一般的で、淡い黄色い斑点は他のコンボモルフには見られない愛嬌もあり、とても可愛らしいコンボモルフです。黄色いブロッチの大きさや数には個体差があります。また、別ラインのフレーム同士を掛け合わせると、この黄色いブロッチが入らない、真っ白で黒目のスーパー体が出るのですが、ファイア同士の交配でも出現することがあります。

Fire
ファイア

スーパーファイア

スーパーファイア

スーパーフライ（パステル・パステル・ファイア）。ファイアフライより淡い体色

レモンバック

レモンバック

共優性遺伝のモルフ / Codominant Morph
フェイダー

Chapter 6 ボールパイソン図鑑

Fader /// 共優性遺伝 /// NERD / 2011年

レッドストライプパスタベフェイダー

シルバーストリークフェイダー

　NERDが発表した当初は優性遺伝ということでしたが、スーパーフェイダーが現れることによって、共優性遺伝となりました。フェイダーというのは色抜けするという意味合いですが、黒い部分の地が透けるように色抜けすることから名付けられました。ただ、黒い部分が色抜けしている個体は、個性としてかなり見受けられるもので、NERD独自のモルフと捉えることもでき、モルフとして捉えるかどうかはブリーダーや市場の判断によると思いますが、NERDが作出したフェイダー関連のモルフの中には目を見張るほど美しいものもあって目を引かれます。色を薄くするハイポとはまた違い、確実に色抜けさせる遺伝というのはかなり貴重だと思います。

共優性遺伝のモルフ / Codominant Morph
GHI

共優性遺伝 /// Matt Lerer / 2007年

　2007年に、アフリカからサウスフロリダへ大量に入荷した中で、USAのMatt Lererが黒っぽい感じの変わった同タイプのボールパイソンを数匹見つけたのがGHIのオリジナルです。そして、翌年に優性遺伝であることを証明しました。GHIは一見側面にグラナイトが入ったブラックパステルの雰囲気を持っています。最近は普通に出回っているのですが、最初に見

レッサーGHI

レッサーGHI

エンシ GHI

GHI レッサーフリーウェイ

パステルチョコレート GHI

　た時は柄や色に加えてその質感が他のモルフと一線を画していて、かなりのインパクトがありました。といっても、黒っぽい地味な個体なのですが、まもなくして、衝撃的な美しさのコンボモルフが次々と現れてきました。個人的には GHI モハベを初めてみた時はうっとりしてしまいました。明るい色合いのモルフと対局にあるダーク系モルフの最高峰でもあり、2000 年代に最も衝撃を与えたモルフと言ってもいいかもしれません。

GHI

VPI アザンティック GHI

シャンパン GHI

GHI モハベ

GHI スパイダー

GHI スパイダー

ボールパイソン 173

GHI バナナ

パステルバンブーGHI

日本のブリーダーが繁殖させた高品質のGHIモハベ

174 | Chapter 6 | モルフカタログ／共優性遺伝のモルフ Codominant Morph

ファイアレッサーGHI

スーパーGHI

共優性遺伝のモルフ / Codominant Morph
ゴブリン

Chapter 6
ボールパイソン
図鑑

Goblin／共優性遺伝／Ralph Davis／2003年

　イエローベリーのRalph Davisラインです。イエローベリーにもゴブリン・グレイベル（ヘテロハイウェイ）・スパーク（ヘテロプーマ）・アスファルト（ヘテロフリーウェイ）・スペクター（ヘテロスーパーストライプ）・オレンジベリーのような多くの関連のあるモルフがあって、イエローベリーコンプレックスと呼ばれています。

共優性遺伝のモルフ／Codominant Morph
グラナイト

Granite ／／／ 優性遺伝 ／／／ 共優性遺伝 ／／／ Ralph Davis ／ 2003年

Chapter 6 ボールパイソン図鑑

　グラナイトの意味は基本的に柄の表現を指し（細かい斑点状の模様が入る）、グラナイト模様が入る個体をグラナイトと呼びますが、ノーマル個体の中にも多数います。遺伝するグラナイトと遺伝しないグラナイトがいて、遺伝するグラナイトは通常、ジェネティックグラナイトと呼ばれます。ただ、遺伝しないグラナイトをグラナイトと呼ぶのは間違いではないので、遺伝するグラナイトが欲しければ購入する際に確認し、ラインまで聞いておく必要があります。

　遺伝が証明されているグラナイトもラインが多く、ほとんどが優性遺伝しますが、共優性遺伝するラインもあります。その1つは2003年にRalph Davisが発表したグラナイトで、2009年にスーパーグラナイトが出たことで共優性だということがわかりました。それ以前に、VPIがIMG

(Increased Melanin Gene) と呼んでいる黒っぽい個体を所有していて、それが Ralph Davis のグラナイトにとてもよく似ていたのですが、最近では IMG というモルフも見かけることはなくなりました。他にも、サークル・グラファイ・ペイントボール・センチネルなどのモルフがグラナイトの特徴を持っていて、これらをグラナイトコンプレックスと呼んで良いでしょう。

ジェネティックグラナイト

IMG（FH）

ストーンウォッシュグラナイト

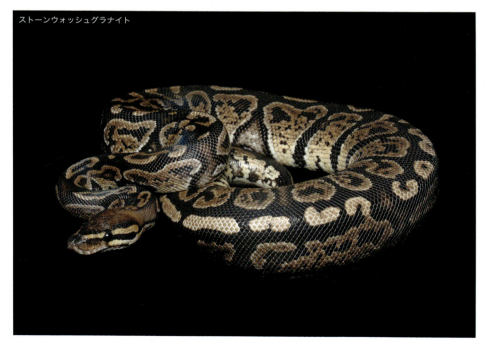

PERFECT PET OWNER'S GUIDES

ボールパイソン 177

共優性遺伝のモルフ / Codominant Morph

グレイベル（ヘテロハイウェイ）

Gravel（Het Higway） /// 共優性遺伝 /// Bill Brant / 2008年

Chapter 6 ボールパイソン図鑑

ハイウェイ

ハイウェイモハベ

　Bill Brantが2008年に、イエローベリー同士を交配したつもりで生まれてきたのがハイウェイで、偶然の産物です。Bill Brantはアイボリーを作ろうと思っていたのですが、アイボリーの代わりに出てきたのは、オレンジっぽい体色に細いストライプが入った綺麗な個体でした。ですが、両親どちらもイエローベリーにしか見えないため、その時点でどちらがこの個体の因子を持っているのかはBill Brantにもわからなかったそうですが、掛け戻しなどをして検証した結果、2012年にオスのほうがヘテロハイウェイだということがわかり、グレイベルと名付けられました。プーマ・スーパーストライプなどイエローベリーを中心にしたイエローベリーコンプレックスと呼ばれるグループがあり、いずれもイエローベリーと掛け合わせることによって出現します。

共優性遺伝のモルフ／Codominant Morph

ヘットレッドアザンティック

Chapter 6
ボールパイソン
図鑑

Het Red Axanthic ／／／ 共優性遺伝 ／／／ Corey woods ／ 2001年

レッドアザンティック
（スーパーヘットレッドアザンティック）

　ヘットとはヘテロのことですが、英語表記や発音がHetとなっているため、ヘットレッドアザンと呼ぶのが通常です。現在では普及したこともあり、劣性遺伝のヘテロと間違う人も少なくなりましたが（通常、ヘテロとは劣性遺伝子の隠れた表現に対して使用する）、共優性遺伝のモルフでスーパー体がレッドアザンです。特徴として

PERFECT PET OWNER'S GUIDES　　　　　　　　　　ボールパイソン　　　179

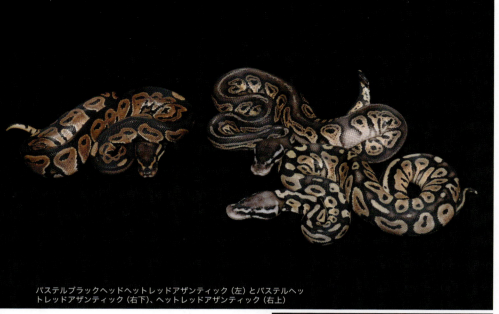

パステルブラックヘッドヘットレッドアザンティック(左)とパステルヘットレッドアザンティック(右下)、ヘットレッドアザンティック(右上)

レッドアザンティック

は、ブラックバックである個体がほとんどで、色が抜けています。スーパー体のレッドアザンとなると色がすっきりと抜け、まるでファイアか何かのハイポ系が入っているような色合いになりますが、黒い部分はくっきりと残り、さらにブラックバックではなくストライプが入り、左右対称に側面に柄が入るようになります。アザンティックの名のとおり黄色みがなく、さらにパステルを加えることによって、シルバー系の個体を作ることができます。

オニキスはブラックパステルとヘットレッドアザンティックを掛け合わせた、名のとおりダーク系のコンボモルフですが、ヘットレッドアザンティックが入っているため、黄色みが減少していて、色合い的にはブラックパステルから灰汁を抜いたようなすっきりとした落ち着いた体色をしています。また、背中にはヘットレッドアザンティックの特徴であるブラックバックストライプが入りますが、ストライプの整然とした感じに反して、腹面にかけて連なるブロッチの内側のパターンは複雑で個性的な表現が多く、これはブラックパステルの影響と思われます。また、シナモンとヘットレッドアザンティックのコンボモルフはガーゴイルと呼ばれ、ほぼ同じ表現をしています。

Het Red Axanthic
ヘットレッドアザンティック

ガーゴイル

レッドアザンティックスパイダー

ガーゴイルパラドックス

オニキス（ブラックパステル・ヘットレッドアザンティック）

オニキスゴースト（ブラックパステル・
ヘットレッドアザンティック・ゴースト）

パステルイエローベリーオニキス

共優性遺伝のモルフ／Codominant Morph

ヒドゥンジンウォマ (HGW)

Chapter 6 ボールパイソン図鑑

Hidden Gene Woma／共優性遺伝／NERD／2006年

略してHGWと呼ばれることも

パステルヒドゥンジンウォマ

　ウォマの中に違う遺伝子が隠れているという意味のモルフですが、当初は謎が多いモルフでした。なによりも、このモルフが有名になったのは、インフェルノ(ヒドゥンジンウォマ×パステル×イエローベリー)というその名のとおりに見ためも強烈なインパクトのあるコンボモルフが出たことが大きいです。さらにレッサーと組み合わせる

ことによって、ソウルサッカーという紫色がかった綺麗なストライプモルフが出たことによって、注目を集めることになります。当初はヒドゥンジンウォマグラナイトという呼び名でしたが、現在ではグラナイトは省かれ、ヒドゥンジンウォマという呼び名で流通しています。NERDによるとウォマから発生したということですが、独立したモルフとなっています。スーパー体はパールと呼ばれ、光沢のある白い個体が誕生します。

ヒドゥンジンウォマエンチ

スーパーバンブーヒドゥンジンウォマ

ソウルサッカー（HGW・レッサー）

ソウルサッカーバナナ

Hidden Gene Woma
ヒトゥンジンウォマ

スーパーエンチバンブーヒドゥンジンウォマエンチ

ソウルサッカー

共優性遺伝のモルフ／Codominant Morph

ホフマン

Huffman ／／／ 共優性遺伝 ／／／ Chris Huffman ／ 2000年代半ば

Chapter 6
ボールパイソン
図鑑

　一見するとブラックパステルによく似ている比較的新しいモルフです。体色も黒っぽく、側面のブロッチの入りかたやブロッチの中の模様もブラックパステルとよく似ていますが、スーパー体はアザンティックのブラックパステルといった感じになり、ブラックパステルのスーパー体とはまったく違った表現になります。おそらく黄色みを消すアザンティックの効果を持っていると思われます。

　パターンに関してはいわゆるビジーパターンとなり、エンチやバンデッドなどのレデュースパターンさえも複雑なパターンに変える効果があります。そして、（ホフマン・ブラックパステル・ゴースト）の組み合わせでスリック（slick）と呼ばれるコンボモルフが出現したことで、ホフマンのこれからの人気が決定づけられたかもしれません。青みがかったダークグレーの体色の背中に黄色っぽいストライプが入るコンボモルフで、色の質感がいままでにないものということもあって、さらにこれから出現するコンボモルフにも期待ができそうです。パステルホフマンは、ホフマンにパステルを掛け合わせたもので、パステルの黄色みが減少しているのが特徴です。

パステルホフマン

モハベホフマン

サイレン (silen／シナモンホフマン)

PERFECT PET OWNER'S GUIDES　　ボールパイソン　187

| 共優性遺伝のモルフ / Codominant Morph | Chapter 6 ボールパイソン図鑑 |

マホガニー

Mahogany ////共優性遺伝//// Amir Soleymani /2005年

　Amir Soleymaniがワイルドとしてアフリカから輸入された個体の中から変わった個体をセレクトして検証した結果、共優性遺伝として証明しました。ブラックパステルに似ていますが、より黄色みの強いパターンが入ります。スーパー体であるスーパーマホガニーはスマ（Suma）と呼ばれ、チョコレートのスーパー体であるカモに若干似ています。マホガニー自体は地味なモルフなのですが、コンボモルフとなると柄を大きく変える要素もあり、派手で個性的な個体が誕生します。

| 共優性遺伝のモルフ / Codominant Morph | Chapter 6 ボールパイソン図鑑 |

モ カ

Mocha /// 共優性遺伝 /// Amir Soleymani / 2003年

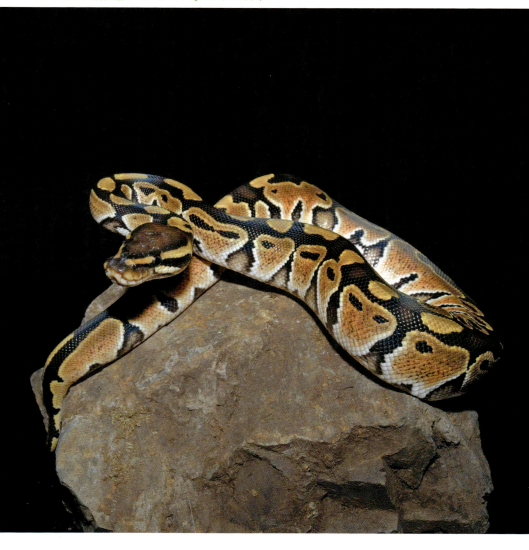

　2003年、Amir Soleymaniはアフリカから輸入された中で少し黄色みの強い変わったボールパイソンに目を付け、優性遺伝であることを証明しました。2005年にはモカ同士から、白い体色でブルーアイのスーパー体（ラテ／Latte）が生まれ、さらに共優性遺伝であることを証明しました。ブルーアイリューシスティックコンプレックスの1つのモルフですが、モカの見ためは綺麗なノーマルという感じです。

ラテ（スーパーモカ）

Mocha
モカ

ブルーアイリューシスティック（モカ・モハベ）

カサンドラ（モカ・スペシャル）

| 共優性遺伝のモルフ / Codominant Morph | Chapter 6 ボールパイソン図鑑 |

モハベ

Mojave /// 共優性遺伝 /// TSK / 2000年

　モハベはパステル・スパイダーに次いで、ボールパイソンのブームの先駆けとなったカラー&パターンミューテーションで、あらゆるモルフと相性が良く、また、スーパー体は頭に紫がかったブロッチが残るブルーアイリューシスティックということもあって、現

在に至るまで根強い人気があります。スーパーモハベ・ゴーストモハベなどでブレイクし、代表的なコンボモルフにはクリスタル（モハベ・スペシャル）、ミスティックポーション（モハベ・ミスティック）、パープルパッション（モハベ・ファントム）などがあります。モハベ自体の特徴を文章にするのはとても難しいのですが、背中に途切れたストライプが

ハイポモハベ

シナモンモハベ

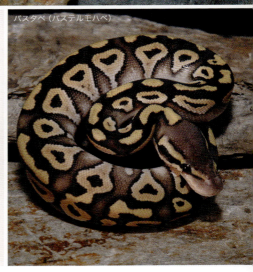

パスタベ（パステルモハベ）

入り、クリアなブロッチに透け感のあるチョコレートブラウンの地色をしています。1999年にTSK（スネークキーパー）が輸入個体からセレクトし、2005年にはスーパー体であるスーパーモハベが出たことにより共優性遺伝であることを証明しました。

Mojave
モハベ

GHI モハベ

GHI モハベ

モハベスパイダー

モハベバンブルビーイエローベリー

スーパーモハベ

スーパーモハベ

スーパーモハベ

モハベ VPI アザンティック

クリスタル（モハベ・スペシャル）

ノコクリスタル

Mojave
モハベ

パスタベシャンパン

ブラックポーション（モハベ・マホガニー）

パープルパッション（モハベ・ファントム）

ミスティック／ファントム

共優性遺伝のモルフ／Codominant Morph

Mystic／Phantom／／／共優性遺伝／／／Anthony McCain／Ralph Davis／2005年

ミスティック

ミスティック

　Ralph Davisの所有するイエローベリー(ゴブリン／Goblin)から最初のファントムが生まれたのは2001年のことです。当初は少し変わったノーマルだと思っていたらしく、最初にイエローベリーと交配され、翌年にレッサーと掛け合わされました。レッサーとの間に生まれた仔の中から真っ白なブルーアイリューシが誕生し、さらに2005年にはスーパーファントムが出て、共優性遺伝であることがわかりました。2009年にはAnthony McCainがスーパーミスティックを出して、共優性遺伝を証明しました。ミスティックとファントムは互換

ミスティックポーション（ミスティック・モハベ）

インビジブル（ルッソ・ミスティック）

Mystic Phantom
ミスティック　ファントム

性があることもわかり、おそらくバターとレッサーがそうであったように同じ遺伝子を持っていると思われます。ただ、Ralph Davis はファントムが優性であるにもかかわらず、長い間高値を維持してきたので、その他のブリーダーに行き渡るのがかなり遅くなりました。その分、ミスティックのほうが、数多く市場に出回っていると思われます。なお、ミスティックとモハベを掛け合わせると、ミスティックポーションが生まれますが、ファントムとモハベを掛け合わせるとパープルパッションと呼ばれるコンボモルフが誕生します。

ファントム

ファントムポーション。なお、パープルパッションはファントムポーションという呼び名で市場に出回ることもありますが、同一モルフです

ファントムビー

ファントムポーションイエローベリー

ファントムレッサー

共優性遺伝のモルフ / Codominant Morph
ペイントボール

Chapter 6
ボールパイソン図鑑

Paint Ball //// 共優性遺伝 //// Charles Glaspie / 2006年

スーパーペイントボール

スーパーペイントボール

　以前は劣性遺伝ではないかと言われたり、センチネルと同じではないかと言われたりしていましたが、2006年にスーパーペイントボールが誕生したことで、共優性遺伝であり、センチネルとは全く別のモルフだということが証明されました。ペイントボール自体はノーマルのような感じでなんの変哲もないのですが、スーパーになると、黒みが薄れて赤っぽい茶色になり、背中にストライプ、側面はグラナイト模様で、一気にすばらしくなります。ただ、ペイントボール自体は非常に平凡なので、そこからコンボモルフを作ることを考えると気が短い人は飽きてしまうかもしれません。最初からスーパーの個体を狙いたくなるモルフです。

共優性遺伝のモルフ / Codominant Morph
オレンジドリーム

Chapter 6 ボールパイソン図鑑

Orange Dream /// 共優性遺伝 /// Ozzy Boids / 2004年

オレンジドリーム GHI

　Ozzy Boidsが輸入元から入手、2004年に優性遺伝を証明し、さらに2011年にはスーパーオレンジドリームが誕生して共優性遺伝が証明されました。オレンジドリームは濃いオレンジ色をしたタイガーのようなモルフです。典型的なオレンジドリームはエイリアン模様がほとんどないのですが、中にはパステルのような個体も見かけます。体の中心部にはエイリアン模様が入る個体でも、尾のあたりは長細いすっきりとしたオレンジのブロッチになっているのが特徴です。カラー＆パターンのミュー

テーションで、色を鮮やかにし、パターンを変化させて個性的なコンボモルフを作ります。見慣れたスパイダーとの単純な配合でも、色を鮮やかにし、柄をすっきりと収縮させることによっていくつものモルフを掛け合わせたかのような奇妙な個体が出てきます。使い古されたパターンモルフも新しくするためお勧めのモルフです。

オレンジドリームバンブルビー

スーパーオレンジドリーム

共優性遺伝のモルフ／Codominant Morph

パステル

Pastel /// 共優性遺伝 /// NERD ／1997年

Chapter 6
ボールパイソン図鑑

コンゴパステル

　パステルは全ての優性・共優性の始まりといって良いモルフです。一過性のモルフではなく、ボールパイソンの繁殖の歴史に深く根を下ろしているため、全てのコンボモルフはパステルなくしては成り立たないくらいの功績を果たしています。パステルが出現するまでのカラーモルフは、劣性遺伝のアルビノくらいだったので、共優性遺伝でノーマルと配合してもパステルが出てくるというのは衝撃的でした。

1997年にアフリカから輸入されたオスの個体を元に、1999年にはスーパーパステルが誕生して、共優性遺伝であることが証明されました。現在は単にパステルと呼びますが、当初の呼び名はパステルジャングルと呼ばれていました。勝手にジャングル模様のことだと思い込んでいたのですが、実際は黄色と黒のコントラストがジャングルカーペットパイソンに似ていたために、NERDがジャングルという名を付けたよう

バーガンディパステル

パステルバンデッド

パステル BpSupply ライン

サンセットパステル

パステルイエローベリー

パステルキャリコ

パステルキャリコ

です。実際にジェネティックジャングルというパターンモルフも存在するので、パステルジャングルとパステルは同じモルフだと認識しておきます。

　パステル自体は幼体時期こそ鮮やかなイエローからオレンジですが、大きくなるにつれてブラウンアウトと呼ばれるように背中から黒っぽく変化していきます。中には、ノーマルとほぼ変わらない色合いになるものもいますが、色が褪せてくるわけで

Pastel
パステル

パステルスペシャル

パステルアザンティック

はなく、黒い色素が上に被さってきているだけなので腹面近くの色は幼少期と変わらない色であることが確認できます。色の鮮度や濃淡があるので、自分の気に入ったものをセレクトするとよいでしょう。綺麗な

パステルの色合いは遺伝するし、綺麗なパステルを使えば、コンボモルフを作る際に美しい個体を作出することができます。パステルにはいろいろなラインがあり、互換性もあります。

パステルゴースト

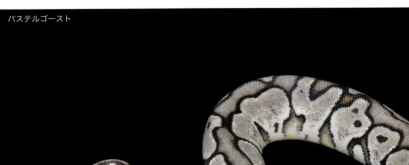

パステルゴースト

パステルゴースト

Pastel
パステル

パステルキャラメル

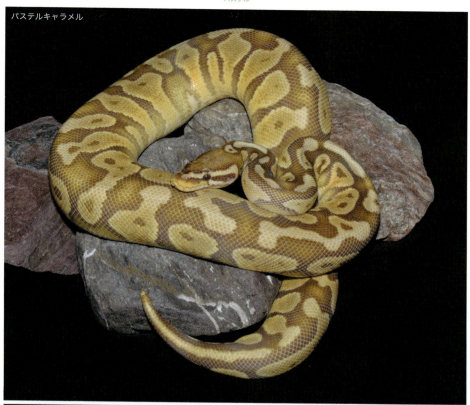

パステル GHI

パステルレッサー

パステルオレンジゴーストジェネティックストライプ

パステルスティンガービー

スーパーパステル

パステルクィーンビー（スーパーパステル・レッサー・スパイダー）

スーパーパステルアザンティック

Pastel
パステル

パステルクリスタル (パステル・モハベ・スペシャル)

パステルクリスタル

パステルシャンパン

シトラスデザート

共優性遺伝のモルフ／Codominant Morph

レッドストライプ

Red Stripe　／／／共優性遺伝　／／／Outback Reptiles　／／／2000年代

Chapter 6
ボールパイソン
図鑑

パターン＆カラーミューテーションです。レデュースパターンストライプが特徴で、柄を背中に押し上げるような感じで遺伝します。スーパー体になると、かなり太いストライプが入るようになります。ですが、このモルフで特筆する点はその色彩にあります。それは、他のボールパイソンでは見ることのない深い錆色のオレンジ色を発色することです。どのモルフと掛け合わせても赤っぽい個体になることが特徴で、ポテンシャルが高いことから、これから先、驚くようなモルフが出ることが期待されます。

レッドデビル（スーパーレッドストライプ・ジェネティックストライプ）

パステルレッドストライプ

スーパーレッドストライプ

共優性遺伝のモルフ / Codominant Morph

ルッソ

Chapter 6
ボールパイソン図鑑

Russo /// 共優性遺伝 /// Vin Russo / 1996年

1996年に Vin Russo はアフリカから綺麗な黄色のボールパイソンのメスを入手し、ハイイエローレモンと名付けました。2002年にそのメスが産んだ2匹をペアにして交配したところ、真っ白なブルーアイリューシスティックが誕生し、スーパールッソまたはホワイトダイヤモンドと呼ばれています。また、ルッソは他のブルーアイリューシスティックグループであるモハベ・レッサー・バター・モカ・バンブーなどとも互換性があり、ブルーアイリューシスティックを作ることができます。

ホワイトダイヤモンド

ブルーアイリューシスティック（ルッソ・ルッソ）

ブルーアイリューシスティック（モハベ・ルッソ）

共優性遺伝のモルフ／Codominant Morph　　　　Chapter 6 ボールパイソン図鑑

セーブル

Sable ／／／ 共優性遺伝 ／／／ Eric Burkett ／ 2002年

セーブルシャンパン

パステベシャンパンセーブル

　ダークモルフの1つセーブルは、2002年にEric Burkettが優性遺伝であることを証明し、さらに2005年にはスーパーセーブルが誕生して共優性遺伝であることがわかりました。特徴は何といってもその黒っぽい色彩ですが、柄についてもにぎやかに斑点が入り、グラナイト模様も強く入るモルフです。

共優性遺伝のモルフ / Codominant Morph

スパーク（ヘテロプーマ）

Spark（Het Puma） /// 共優性遺伝 /// Amir Soleymani /// 2007年

Chapter 6
ボールパイソン図鑑

プーマ

パステルプーマ

スティンガープーマ

　グレイベルやスペクターもそうですが、スパークもイエローベリーと配合するとスパーク自体からは考えられないような派手なプーマというコンボモルフが誕生します。イエローベリーとよく似た綺麗なボールを入手し、シトラスイエローベリーと交配したところ、2007年に最初のプーマが生まれました。

スペシャル

共優性遺伝のモルフ / Codominant Morph

Chapter 6 ボールパイソン図鑑

Special /// 共優性遺伝 /// Tom Baker / 2005年

スーパースペシャル

スーパースペシャル

ノコラインパステルスーパースペシャル

　スペシャルは偶然にもモハベのクラッチから生まれてきました。というよりも、生まれてきたのはクリスタルでした。Tom Baker は2005年にノーマルと思われる FH（ファームハッチ）のメスとモハベのオスをペアリングしてモハベを採ろうと思ったものの、その中に白っぽい綺麗な個体が生まれてきたのを発見し、クリスタルと名付けて成長させて親である FH のメスと交配してみると、モハベと FH のメスにそっくりな個体が生まれたので

Special
スペシャル

クリスタル

す。そのため、クリスタルはモハベとこのFHのコンビネーションであることがわかりました。後に、スーパースペシャルが生まれ、共優性遺伝であることが判明。おそらく、スペシャルというネーミングは何だかなあ、と思ったのは私だけではないのでしょう。Tom Bakerとしては、他の個体とはちょっと違うという目印のような軽い気持ちで呼んでいたのが、一人歩きしたような感じかもしれませんが、市場に出た時は少しの混乱を呼びました。USAの業者のリストの中にパステルスペシャルという個体がいましたが、字面だけを読んだ私は、例のごとく「特別綺麗なパステルのことね」と理解し、価格を見てびっくりした過去があります。今でこそそういう思い違いはないのですが、ノーマルとそう変わらないスペシャルに不安があるのであれば、最初からクリスタルもしくは

スーパースペシャルを手に入れたほうがいいかもしれません。

　スペシャル自体はノーマルと並べても、見慣れないと同一にしか見えません。ですが、平均的な特徴としては、背中に不規則なストライプ状のラインが連なり、側面にはかなり規則的にブロッチが繋がって入ります。さらに、白いラインブロッチが囲むように入っています。

共優性遺伝のモルフ / Codominant Morph

スペックルド

Speckled /// 共優性遺伝

Chapter 6
ボールパイソン
図鑑

スーパーセンチネル

　名前どおり模様の中にスペックル（斑点）が多数入るモルフですが、スーパーにならないかぎり、ちょっと変わったボールパイソンの範疇を出ません。スーパー体になると一変してスーパーセンチネルのような姿形になりインパクトがあります。また、柄をかなり変化させるので、スパイダーやレオパードなどのパターンモルフと掛け合わせるとおもしろいと思われます。

共優性遺伝のモルフ / Codominant Morph

スペクター

Specter /// 共優性遺伝 /// Jared Horenstein / 2004年

Chapter 6
ボールパイソン
図鑑

スペクターバンブルビー

スーパーストライプ（イエローベリー・スペクター）

パステルエンチスペクター

　スペシャルと同じく、スペクターも偶然に現れたモルフです。2004年、Jared Horensteinはイエローベリー同士を掛け合わせましたが、イエローベリーと少し変わったボールパイソンが生まれました。色が淡く、背中にストライプが入ったバニラといった雰囲気で、当初はバニラの系統ではないのかと噂されていました。ですが、2008年にイエローベリーと掛け合わせてみたところ、くっきりとした派手なストライプ柄のボールパイソンが誕生し、スーパーストライプと名付けられました。長らくスーパーが出現せず、優性遺伝ではないかと言われていましたが、2012年にBHBがスーパースペクターを出し、共優性遺伝であることがわかりました。似たような遺伝のコンボモルフにプーマ・ハイウェイ・フリーウェイがあり、いずれもストライプ系のモルフです。

スポットノーズ

共優性遺伝のモルフ / Codominant Morph

Spotnose /// 共優性遺伝 /// VPI / 2005年

Chapter 6 ボールパイソン図鑑

スーパーパステルスポットノーズ

パステルスポットノーズイエローベリー

スポットノーズイエローベリー

エンチスポットノーズシャッター

　VPIがアフリカから輸入した個体がオリジナル。パターンミューテーションですが、色合いもハイポ系で、ファイアやレッサーまたはパステルを掛け合わせると、地が白っぽくなり、黒い柄とのコントラストがくっきりとなって綺麗です。かなり乱れたパターンで、特に頭の部分の柄は複雑に入り組んだような柄をしています。スポットノーズはそのとおり、鼻先の部分の両脇にあるスポットを指して名付けられました。そこまで注目されてはいないものの、レオパードやイエローベリーまたはクラウンなど、パターンモルフとのコンボにその淡い色彩の特徴を活かした配合をすれば、か

Spotnose
スポットノーズ

スポットノーズ VPI アザンティック
パワーボール
パワーボール
モハベスポットノーズサイレン

なり複雑できれいなコンボモルフが作れます。また、2006年にはスーパー体であるパワーボールが誕生しましたが、虚弱なため、画像のみが出回っていました。いっこうに市場に出てこないため、致死遺伝子を持っていると言われていましたが、しばらくして、少数ながら見かけるようになりました。スポットノーズ同士で作るスーパー体はどうしても虚弱らしく、まず他のモルフに掛け合わせてからパワーボールを作るという方法が採られるようになりました。パワーボールを実際に飼育した経験では、頑健で餌食いも良く、虚弱というような兆候はありませんでした。

共優性遺伝のモルフ / Codominant Morph

バニラ

Vanilla /// 共優性遺伝 /// Gulf Coast Reptiles / 2000年

Chapter 6
ボールパイソン図鑑

バニラのオリジナルは1999年にアフリカから輸入されたワイルド個体です。2002年にはスーパーバニラが誕生し、共優性遺伝であることが証明されました。バニラの地の色はアザンティックよりの淡い黄色です。また、色の濃い部分もうっすらと色抜けしています。そして、頭頂部のてっぺんは色が薄くなり色抜けしてスポット状に

変わった柄のバニラ

パステルバニラ

パステルバニラ

エンチバニラクリーム

スーパーバニラパステル

スーパーバニラキャリコ

224　Chapter 6　モルフカタログ／共優性遺伝のモルフ　Codominant Morph　PERFECT PET OWNER'S GUIDES

Vanilla
バニラ

バニラクリーム（ファイア・バニラ）

バニラクリーム

バニラスクリーム（パステル・バニラ・ファイア）

なっています。そして、口の上の部分には小さな淡い色のスポットがあり、その部分だけ見ればスポットノーズのようです。色合いだけなら共優性のハイポであるファイアにも似ていますが、バニラは奇妙なパターンモルフの要素も持っており、コンボにすると色を明るく抜けさせ、柄を変化させる要素もあるため、ポテンシャルのかなり高い個性的なモルフです。

共優性遺伝のモルフ / Codominant Morph | Chapter 6 ボールパイソン図鑑

イエローベリー

Yellowbelly /// 共優性遺伝 /// Amir Soleymani / 1999年

パステルイエローベリー

アイボリー

アイボリー

Yellowbelly
イエローベリー

ピーアイボリー

　2000年にイエローベリーに先駆けて、まずスーパーフォームのアイボリーがワイルドとして見つかります。セミアダルトで見つかったということですが、このような白っぽい個体はカモフラージュしにくいので、ワイルドで生き延びるということは奇跡に近いかもしれません。それから前後してその地域では、数匹のアイボリーと見られる個体が見つかっているそうです。同時に、腹の模様が不規則で地色が綺麗な黄色の個体も複数見つかり輸入されました。

　最初にイエローベリーを検証したのはAmir Soleymaniで、その後もイエローベリーに強い関心を持って維持して、他のモルフとのコンビネーションを作り出しますが、不思議なことに最初にイエローベリー同士を交配してアイボリーを誕生させ、共優性遺伝であることを証明したのはTSKで、2003年のことです。共優性遺伝であると証明される前にイエローベリーはレプタイルショーなどで比較的安価で販売されたために、多くのブリーダーが入手でき、その結果、さまざまな風変りなコンボモルフが出てくる機会が格段にアップしたのではないかと思います。地味ですが、ボールパイソンの繁殖におおいに貢献したビッグモルフです。

共優性遺伝のモルフ / Codominant Morph

サルファ

Sulfur /// 共優性遺伝 /// David Reid / 2010年

Chapter 6
ボールパイソン図鑑

　ファイアと別ラインの共優性遺伝モルフですが、互いに互換性があります。最初に検証した出自が違うので、別のラインとなっています。他にフレーム・レモンバックなどはサルファと互換性があり、スーパー体は全てブラックアイリューシスティックが誕生します。ただ、別ラインごとにブラックアイリューシスティックにも特徴があるのですが、サルファのスーパー体の場合は黄色いブロッチがくっきり入っている個体が多く、とても可愛らしい印象を受けます。

優性遺伝のモルフ / Dominant Morph

ハーレキン

Harequin /// 優性遺伝 /// Amir Soleymani / 2010年

Chapter 6
ボールパイソン図鑑

　優性のパターンミューテーションで、円形ではなく少し角ばって曲がるといった独特の形をしたブロッチを持ち、その中にさらに四角に近いドットが入るというモルフです。ハーレキン模様は時々、FHやノーマルなどにも見られるのですが、それらが遺伝するのかと言えば、ほとんどが遺伝しません。Amir Soleymaniが2010年に優性遺伝するハーレキンを証明しましたが、こちらは他のカラーモルフとの配合で綺麗なコンボモルフを作出することができます。

優性遺伝のモルフ / Dominant Morph
キャリコ

Calico /// 優性遺伝 /// NERD /// 2002年

キャリコ

キャリコ

バブルガムキャリコイエローベリー

　キャリコ系統には他にシュガー・バブルガムなどの呼び名とラインがあり、それぞれ表現に少しなりとも違いがあります。キャリコと呼ばれるのは、NERDとFauna and Floraライン、シュガーはVPIライン

です。NERDは2000年に腹の側面が白く色抜けしている個体を入手し、2002年に優性遺伝であることを証明しました。そして、このモルフをホワイトサイドと名付けます。ですが、その翌年に、このホワイト

パスタベバブルガムキャリコ

エンペラーピンエンチキャリコ

バブルガムキャリコエンチ

サイドよりももっと背中近くまで白く色抜けしている状態の、まさしくキャリコ個体をアフリカから入手し、これを固定します。そして、ホワイトサイドと遺伝的に同じものであることもわかり、それ以来キャリコという名前が固定されます。このように、側面がわずかに色抜けしている個体もいれば、白いブロッチのように大きく色抜けするものもあり、個体差がかなりあるモルフです。他のモルフと掛け合わせることに

Calico
キャリコ

シトラスパステルバブルガムキャリコイエローベリー

シュガー

シュガー

ウォマピンバブルガムキャリコ GHI

より、色柄共に驚くほどの変化を見せるモルフであり、繁殖を趣味とする人にとっては、楽しいモルフだと思います。

デザート

優性遺伝のモルフ / Dominant Morph

Desert /// 優性遺伝 /// Pro Exotic / Peter Kaul / 2003年

タイガー（デザート・エンチ）

ハイポデザート

　2001年にセミアダルトの個体がアフリカから輸入され、2003年に優性遺伝であることが証明されました。また、同時期にPeter Kaulもアフリカから似たような個体を手に入れており、このラインも優性遺伝であることが証明され、さらにProExoticのラインとの互換性も証明されました。レモンイエローに近いマットでむらのない色合いをしていて、エイリアン模様は少なくクリアにカットされたような柄の対比がと

Desert
デザート

デザートピンストライプ

デザートタイガー

タイガースパイダー（デザート・エンチ・スパイダー）

ても印象的です。

　とても目の惹くモルフで、出てきた当時、イベントでのProExoticのブースはデザートモルフ一色になり、たいへんセンセーショナルなものでした。他のコンボモルフとの組み合わせにおいても色のみならず、パターンにも影響を与え、色を鮮やかに、さらに柄をすっきりさせるという特殊な効果を生み出します。特にエンチと組み合わせたタイガーと呼ばれるコンボはエイリアン模様を消失させ、色も淡く鮮やかにすることで、タイガーのポテンシャルを示しました。このタイガーをさらに他のモルフとコンボさせることにより、それまでに見られなかった特殊な色合いと柄を生み出すことができます。

優性遺伝のモルフ / Dominant Morph

レオパード

Chapter 6
ボールパイソン図鑑

Leopard / 優性遺伝 / Greg Graziani / 2005年

優性のパターンモルフで、クラウンやスパイダーその他のパターンモルフと交配することによって、劇的なパターンコンボモルフを作出できることから人気が高いモルフです。おそらく、これから数年はパターンモルフの中心になっていくのではないでしょうか。以前、よくパイボールとの遺伝的な関連性を言われてきたのですが、結果的には独立した優性遺伝モルフでパイボールとは遺伝的関連性がないことが証明されています。

2005年にGreg Grazianiが最初のレオパードとレオパードコンボを公表しました。Peter Kaulのところから入手したオスのパイボールを彼が持っていた変わったFH（おそらくレオパード）と掛け合わせてみました。この時点で生まれてきたレオパードは100％ヘテロパイになります。ですが、まだ不確かなモルフということで、レオパードの存在を公表することはありませんでした。その結果、レオパードの血はパイと深く

レオパードドリーム

レオパードドリーム

レオパードパイボール

Leopard
レオパード

スーパーパステルレオパード

スーパーパステルレオパード

レオパードスパイダー

関連することになります。2世代めは50％ヘテロパイとなるのですが、最初に他のブリーダーにリリースされたレオパードは100％・66％・50％ヘテロということです。

そして、レオパードを入手した他のブリーダーの間で、レオパードを掛け合わせるとパイボールが生まれるということになり、さらにその関連性を証明するためパイボールと掛け合わせてみるという現象が生じ、長らくレオパードとパイボールの遺伝子を一緒にキープすることになりました。いよいよその関連性が強まっていくのですが、長年の検証の末、パイボールとは関係のない独立したモルフであることが証明されました。これが証明されたのは2013年のことです。

優性遺伝のモルフ / Dominant Morph

ピンストライプ

Pinstripe /// 優性遺伝 /// BHB / 2001年

Chapter 6
ボールパイソン図鑑

ピンストライプイエローベリー

ピンストライプゴースト

　優性遺伝するパターンモルフで、背中に2本のストライプが入り、側面のブロッチは消失しています。カラーモルフと交配することにより、綺麗なコンボモルフを作ることができます。2000年にBHBのBrian Barczkがアフリカから入手し、2001年には優性遺伝であることを証明しました。

　レモンブラスト（パステル・ピンストライ

アルビノピンストライプ

キングピン（レッサーピンストライプ）

キングピン（レッサーピンストライプ）

レモンブラスト

レモンブラスト（パステル・ピンストライプ）

Pinstripe
ピンストライプ

ゴーストレモンブラスト

ゴーストレモンブラスト

スーパーブラスト（スーパーパステル・ピンストライプ）

プ）は、綺麗なパステルの体色にピンストライプの柄が入ったコンボモルフ。バンブルビー（パステル・スパイダー）と並ぶボールパイソンブームの先駆けとなった初期の傑作です。ゴーストレモンブラスト（ゴースト・パステル・ピンストライプ）は、やはり、コンボモルフ初期のスターモルフ同士組み合わせ。ゴーストは劣性のハイポなので、レモンブラストの色合いをよりぼんやりと淡くする効果があります。体色も淡く なるのですが、ピンストライプ独特の模様も淡くなり、全体的に薄ぼんやりとした体色になります。

　スーパーパステルとピンストライプの組み合わせ（パステル・パステル・ピンストライプ）で生まれるコンボはスーパーブラストです。レモンブラストよりもさらに淡くてクリアな体色になるため、ピンストライプの繊細な柄が引き立ちます。

優性遺伝のモルフ／Dominant Morph

シャッター

Shatter ／／／ 優性遺伝 ／／／ Amir Soleymani ／ 1990年代

Chapter 6
ボールパイソン
図鑑

シャッターは優性遺伝するパラドックスです。パラドックスはアルビノなどさまざまなモルフに突発的に出現しますが、ほとんどが遺伝しないという定説がありました。ですが、Amir Soleymaniはアフリカからのワイルドのパラドックス表現の個体をセレクトし、検証することによって優性遺伝することを証明しました。他のモルフと掛け合わせることによって、意外性のあるコンボモルフが誕生します。

シャッターシャンパン

スーパーシャッタービー

優性遺伝のモルフ / Dominant Morph

スパイダー

Spider /// 優性遺伝 /// NERD／1999年

Chapter 6 ボールパイソン図鑑

パステル（左上）とスパイダー（右上）でバンブルビー（下）が生まれる

スパイダーイエローベリー

アルビノスパイダー

　スパイダーはパステルに次いで現れた優性遺伝のモルフで、ボールパイソンのブームの火付け役となりました。細い網目状のインパクトのあるパターンモルフで、スパイダーという名前もセンスがあり覚えやすいというのもありましたが、パステルとの相性が良く、バンブルビーの出現がマニアに限らず一般的な爬虫類好きな人たちの間でブレイクしました。それ以来、スパイダーコンボモルフには「ビー」という

Spider
スパイダー

スパイド

スパイド

フレームスパイダー

バンデッドスパイダー

レッサースパイダー

バンブルビー

バンブルビー

ブリザードバンブルビー（アルビノ・アザンティック・ゴースト・パステル・スパイダー）

バンブルビーデザート

バンブルビーベリー

248　Chapter 6　モルフカタログ／優性遺伝のモルフ　Dominant Morph　　　PERFECT PET OWNER'S GUIDES

Spider
スパイダー

キラービー（スーパーパステル・スパイダー）　　　　　　キラービー

バンブルビーヘットレッドアザンティックエンチ

Spider
スパイダー

スピナー（スパイダー・ピンストライプ）

スピナーブラスト（スパイダー・ピンストライプ・パステル）

スティンガービー（スパイダー・エンチ）

スティングレスビー（スパイダー・エンチ・レッサー）

キラースピナー（スーパーパステル・スパイダー・ピンストライプ）

エンチキャリコクィーンビー

名が付くようになります（キラービー・シナビー・ワナビー・ハニービーなど）。それから後もさまざまなカラーモルフやパターンモルフと掛け合わされて、綺麗なコンボモルフを生み出してきました。

当初からよくスパイダーに関しては、神経異常と呼ばれる体の動きが問題にされてきました。軽いものは微妙な頭の揺れくらいで、ひどいものになると体全体が仰向けで回転したりするものもいます。そのため、奇形と同じ扱いで極端に嫌われた時期もありましたが、動きの異常さを除けば、餌食いの良さ・繁殖力の強さなどがあり、個人の経験からすると飼育が楽なモルフといえます。

優性遺伝のモルフ / Dominant Morph

トリック

Trick /// 優性遺伝 /// Gary Liesen／2006年

Chapter 6
ボールパイソン
図鑑

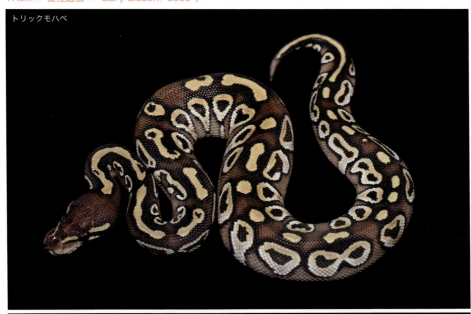

トリックモハベ

チーター（トリックピン）

　優性遺伝のパターンモルフで、とてもにぎやかなパターンを持ち、色もメリハリがあります。レオパードなど他のパターンモルフでさらに柄を崩したモルフなどもあっておもしろいです。

PERFECT PET OWNER'S GUIDES　　ボールパイソン　251

優性遺伝のモルフ / Dominant Morph

ウォマ

Woma /// 優性遺伝 /// NERD／1998年

Chapter 6
ボールパイソン図鑑

　オリジナルのウォマはイギリスのペットショップで、アフリカから入荷したたくさんのボールパイソンの中からたまたまピックアップされました。ウォマはやはりスパイダーと同じく、神経異常が見られます。ですが、スパイダーほどひどくはなく、少し頭を左右に振る程度がほとんどです。リデュースの強いバンド模様をしていて、ブロッチはそれぞれ繋がり、エイリアン模様はほぼ消失しています。目は色が淡く少し青みがかっているのが特徴ですが、コンボにした際、わずかに白っぽく光るようなツヤが出てくるような気がします。2001年にNERDはウォマから最初のスーパーウォマを採りパールと名付けました。NERDが出版したボールパイソンの本にはわずかに柄が残る全身がほぼ白いパールの画像が載っていたものの、それ以後見かけることもなく、致死遺伝子と言われていましたが、他の遺伝子を介在させることによって、スーパーを作ることが可能になりました。これは、スポットノーズのスーパーであるパワーボールと同じです。

252　Chapter 6　モルフカタログ／優性遺伝のモルフ　Dominant Morph　　PERFECT PET OWNER'S GUIDES

補足 / Supplementation

さまざまなコンプレックスまとめ

Chapter 6 ボールパイソン図鑑

　たくさんのモルフが出揃う中で、それぞれの遺伝子や形質は異なっていて、各自、独立したモルフですが、近縁と言ってよいモルフをまとめてみました。コンプレックスという意味は「関連」とか「まとめ」という意味です。

■ブルーアイリューシスティックコンプレックス

　長いので省略してBELコンプレックスと呼ばれたりします。掛け合わせると、ブルーアイリューシスティック（BEL）が出現する、もしくは近いモルフが出現します。

　バター／レッサー／モカ／モハベ／ルッソ／ミスティック／ファントム／スペシャル／バンブーなどが所属します。バター／レッサー／モカ／モハベ／ルッソに関しては、どれを掛け合わせてもブルーアイリューシスティックが出てきます。

　ファントムとルッソを掛け合わせると、白っぽい体色に黄色みがかったストライプ状のパターンが背中と目元に入り、紫色がかった柄も浮き出るオパールダイヤモンドと呼ばれるコンボモルフが出現します。ブルーアイリューシスティックのようにクリアな白さはありませんが、かえってあいまいな色合いが魅力的に見えます。

　その他のモルフに関しては、以下のようなモルフが挙げられます。

ミスティック	+バター／レッサー／モカ／バンブー	→ BEL
	+モハベ	→ ミスティックポーション
ファントム	+バター／レッサー／モカ／バンブー	→ BEL
	+モハベ	→ パープルパッション
スペシャル	+モハベ	→ クリスタル
バンブー	+バター／レッサー／ミスティック／ファントム	→ BEL
	+モハベ／モカ／ファントム	→ BELだが、若干パターンあり

ブルーアイリューシスティック（スーパーモハベ）

クリスタル

オパールダイヤモンド

■ブラックアイリューシスティックコンプレックス

＊ファイア
＊フレイム
＊レモンバック
＊サルファ

　ブラックアイリューシスティック（BEL）コンプレックスがそれぞれ、特有の個性を持つ表現が異なるモルフであるのに比べて、ブラックアイリューシスティックを巡るモルフは別ラインとはいえ、ほとんど同一モルフといってもいいくらいの近縁モルフです。いずれも互換性があり、どのモルフと交配してもブルーアイリューシスティックが生まれてきます

ブラックアイリューシスティック

ブラックアイリューシスティック

■イエローベリーコンプレックス

　このグループには、見ためもイエローベリーにたいへんよく似ていて、見分けがつかないくらいのモルフが中にはいます。総じてストライプ系でかなり派手な表現が出ますが、初期の頃はシブリングでの判別（イエローベリーかそうでないか）に苦労したようです。

スペクター＋イエローベリー	→ BEL
スパーク＋イエローベリー	→ BEL
グレイベル＋イエローベリー	→ クリスタル
アスファルト＋イエローベリー	→ BEL

【補足】さまざまなコンプレックスまとめ

■パステルコンプレックス

＊ブロンドパステル
＊シトラス
＊グラジアニ
＊レモンパステル
＊ゼブラ
＊マンダリン

■ハイポコンプレックス

＊ファイア
＊バニラ
＊ディスコ

イエローベリーコンプレックスに含まれるプーマ（イエローベリー・スパーク）

■著者　石附智津子　いしづき・ちづこ
text Chizuko Ishizuki

「Holly blood reptiles」代表。ヒョウモントカゲモドキをはじめ、さまざまなヤモリの飼育・繁殖を手がけているほか、ブラッドパイソンやボールパイソンなどにも造詣が深い。ユーザー目線のわかりやすい説明には定評がある。著書に「レオパのトリセツ」(クリーパー社) がある。

■編集／撮影　川添 宣広　かわぞえ・のぶひろ
photo&editon Nobuhiro Kawazoe

1972年生まれ。早稲田大学卒業後、出版社勤務を経て2001年に独立 (http://www.ne.jp/asahi/nov/nov/nov/)。爬虫・両生類専門誌『クリーパー』をはじめ、『爬虫・両生類ビジュアルガイド』『爬虫・両生類飼育ガイド』『爬虫・両生類ビギナーズガイド』『爬虫・両生類パーフェクトガイド』シリーズほか、『爬虫類・両生類ビジュアル大図鑑1000種』『日本の爬虫類・両生類飼育図鑑』『爬虫類・両生類の飼育環境のつくり方』『エクストラ・クリーパー』『世界の爬虫類ビジュアル図鑑』『世界の両生類ビジュアル図鑑』『爬虫類・両生類フォトガイド』『フクロウ完全飼育』『日本の爬虫類・両生類フィールド観察図鑑』『日本の爬虫類・両生類生態図鑑』『ヒョウモントカゲモドキ完全飼育』(誠文堂新光社)、『ビバリウムの本　カエルのいるテラリウム』『世界のカメ類』(文一総合出版)、『爬虫類・両生類1800種図鑑』(三才ブックス) など手がけた関連書籍、雑誌多数。

■協力／青木一弘、アクアセノーテ、aLiVe、A reptile animal pet shop テト、アンテナ、ESP、wing21、エンドレスゾーン、オリュザ、CREST、大城典也、大谷勉、小家山仁、サムライジャパンレプタイルズ、Stefan Broghammer、蒼天、高田爬虫類研究所、T&T レプタイルズ、どうぶつ共和国ウォマ＋、熱帯倶楽部、西原ワークス、爬虫類倶楽部、Herptile Lovers、プミリオ、ぷりくら市、ペットショップふじや、松村しのぶ、マニアックレプタイルズ、向井健治、安川雄一郎、与那嶺さん、リミックス ペポニ、RYO 屋、レプティリカス、レプレプ、Y'sBR、ワイルドモンスター

■参考文献
・Ballpython Care（colette Sutherland）
・Python Regius（Stefan Broghammer）

Perfect Pet Owner's Guides
パーフェクト ペット オーナーズ ガイド
飼育・繁殖・さまざまな品種のことがよくわかる
ボールパイソン 完全飼育
かんぜんしいく

2018年12月13日　発 行　　　　　　NDC645.4
2021年8月10日　第2刷

著　　者　石附智津子
発行者　小川雄一
発行所　株式会社 誠文堂新光社
　　　　〒113-0033　東京都文京区本郷3-3-11
　　　　(販売) 電話 03-5800-5780
　　　　http://www.seibundo-shinkosha.net/
印刷・製本　図書印刷 株式会社

©2018, Chizuko Ishizuki.　　Printed in Japan 検印省略

本書掲載記事の無断転用を禁じます。

落丁本、乱丁本の場合はお取り替えいたします。

本書の内容に関するお問い合わせは、小社ホームページのお問い合わせフォームをご利用いただくか、上記までお電話ください。

JCOPY ＜(一社) 出版者著作権管理機構 委託出版物＞本書を無断で複製複写 (コピー) することは、著作権法上での例外を除き、禁じられています。本書をコピーされる場合は、そのつど事前に、(一社) 出版者著作権管理機構 (電話 03-5244-5088／FAX 03-5244-5089／e-mail:info@jcopy.or.jp) の許諾を得てください。

ISBN978-4-416-51839-7